U0171262

经济预测科学丛书

资源能源安全风险监测和预测方法

部　慧　王静远　著

科学出版社
北　京

内 容 简 介

　　资源能源的安全是我国国民经济正常运行的战略保障，因此是非常重要的问题。该问题主要涉及两方面：资源能源的价格波动风险、资源能源的供给安全。本书全面调研与综述了与资源能源安全风险有关的相关工作，资源能源安全监测预测的相关方法，以及我国经济的预测预警系统建设现状。本书重点研究了资源能源安全风险中的价格波动风险的监测和预测方法。本书主要致力于回答下述问题：需要监控哪些因素？利用哪些数据实现风险监测？适用的预测模型是什么？大数据能够发挥哪些作用？怎样使用大数据以实现及时预警？在此基础上我们提出了适用于资源能源等大宗商品的监测预测预警系统的设计方案。

　　本书介绍了大宗商品监测和预测方面的有关方法及应用，以及大数据监测和分析预警系统建设方面的有关实践。本书对于从事经济预测、期货市场分析与预测、大宗商品研究的科研人员、政府有关决策和管理部门的工作人员有较高的参考价值。本书可作为高等院校金融学、金融工程、国际贸易等专业的涉及经济预测、期货市场分析、预测科学、金融数据分析等相关课程的教师、研究生、高年级本科生的相关教材和辅助教材。

图书在版编目（CIP）数据

资源能源安全风险监测和预测方法 /部慧，王静远著. —北京：科学出版社，2020.5
　　（经济预测科学丛书）
　　ISBN 978-7-03-062550-2

Ⅰ. ①资… Ⅱ. ①部… ②王… Ⅲ. ①能源-国家安全-研究-中国 ②能源经济-经济预测-研究-中国 Ⅳ. ①TK01 ②F426.2

中国版本图书馆 CIP 数据核字（2019）第 222583 号

责任编辑：魏如萍 / 责任校对：贾娜娜
责任印制：张 伟 / 封面设计：无极书装

科 学 出 版 社 出版
北京东黄城根北街 16 号
邮政编码：100717
http://www.sciencep.com

北京虎彩文化传播有限公司印刷
科学出版社发行　各地新华书店经销

*

2020 年 5 月第 一 版　开本：720×1000 B5
2020 年 5 月第一次印刷　印张：9 3/4
字数：196 000

定价：116.00 元
（如有印装质量问题，我社负责调换）

丛书编委会

主　编：汪寿阳

副主编：黄季焜　魏一鸣　杨晓光

编　委：（按姓氏汉语拼音排序）

陈　敏　　陈锡康　　程　兵　　范　英　　房　勇
高铁梅　　巩馥洲　　郭菊娥　　洪永淼　　胡鞍钢
李善同　　刘秀丽　　马超群　　石　勇　　唐　元
汪同三　　王　珏　　王　潼　　王长胜　　王维国
吴炳方　　吴耀华　　杨翠红　　余乐安　　曾　勇
张　维　　张林秀　　郑桂环　　周　勇　　邹国华

总　序

中国科学院预测科学研究中心（以下简称中科院预测中心）是在全国人民代表大会常务委员会原副委员长、中国科学院原院长路甬祥院士和中国科学院院长白春礼院士的直接推动和指导下成立的，由中国科学院数学与系统科学研究院、中国科学院地理科学与资源研究所、中国科学院科技政策与管理科学研究所、中国科学院遥感应用研究所、中国科学院大学和中国科技大学等科研与教育机构中从事预测科学研究的优势力量组合而成，依托单位为中国科学院数学与系统科学研究院。

中科院预测中心的宗旨是以中国经济与社会发展中的重要预测问题为主要研究对象，为中央和政府管理部门进行重大决策提供科学的参考依据和政策建议，同时在解决这些重要的预测问题中发展出新的预测理论、方法和技术，推动预测科学的发展。其发展目标是成为政府在经济与社会发展方面的一个重要咨询中心，成为一个在社会与经济预测预警研究领域中有重要国际影响的研究中心，成为为我国和国际社会培养经济预测高级人才的主要基地之一。

自 2006 年 2 月正式挂牌成立以来，中科院预测中心在路甬祥原副委员长和中国科学院白春礼院长等领导的亲切关怀下，在政府相关部门的大力支持下，在以全国人民代表大会常务委员会原副委员长、著名管理学家成思危教授为前主席和汪同三学部委员为现主席的学术委员会的直接指导下，四个预测研究部门团结合作，勇攀高峰，与时俱进，开拓创新。中科院预测中心以重大科研任务攻关为契机，充分发挥相关分支学科的整体优势，不断提升科研水平和能力，不断拓宽研究领域，开辟研究方向，不仅在预测科学、经济分析与政策科学等领域取得了一批有重大影响的理论研究成果，而且在支持中央和政府高层决策方面做出了突出贡献，得到了国家领导人、政府决策部门、国际学术界和经济金融界的重视与高度好评。例如，在全国粮食产量预测研究中，中科院预测中心提出了新的以投入占用产出技术为核心的系统综合因素预测法，预测提前期为半年以上，预测各年度的粮食丰、平、歉方向全部正确，预测误差远低于西方发达国家；又如，在外汇汇率预测和国际大宗商品价格波动预测中，中科院预测中心创立了 TEI@I 方法论并成功地解决了多个国际预测难题，在外汇汇率短期预测和国际原油价格波动等预测中处于国际领先水平；再如，在美中贸易逆差估计中，中科院预测中心提出了计算国际贸易差额的新方法，从理论上证明了出口总值等于完全国内增加值和完全进口值之和，提出应当以出口增加值来衡量和计算一个国家的出口规模和两个国家之间的贸易差额，发展出一个新的研究方向。这些工作不仅为中央和政府高层科学决策提供了重要的科学依据和政策建议，所提出的新理论、新方法和新技术也为中国、欧洲、美国、日本、东南亚和中东等国家和地区的许多研究机构所广泛关注、学习和采用，产生了广泛的社会影响，并且许多预测报告的重要观点和主要结论为众多国内外媒体大量报道。最近几年来，中科院预测中心获得了 1 项国家科技进步奖、6 项省部级科技奖一等奖、8 项重要国际奖励，以及张培刚发展经济学奖和孙冶方经济科学奖等。

中科院预测中心杰出人才聚集，仅国家杰出青年基金获得者就有 18 位。到目前为止，中心学术委员会副主任陈锡康教授、中心副主任黄季焜教授、中心主任汪寿阳教授、中心学术委员会成员胡鞍钢教授、石勇教授、张林秀教授和杨晓光教授，先后获得了有"中国管理学诺贝尔奖"之称的"复旦管理学杰出贡献奖"。中科院预测中心特别重视优秀拔尖人才的培养，已经有 2 名研究生的博士学位论文被评为"全国优秀博士学位论文"，4 名研究生的博士学位论文获得了"全国优秀博士学位论文提名奖"，8 名研究生的博士学位论文被评为"中国科学院优秀博士学位论文"，3 名研究生的博士学位论文被评为"北京市优秀博士学位论文"。

为了进一步扩大研究成果的社会影响和推动预测理论、方法和技术在中国的研究与应用，中科院预测中心在科学出版社的支持下推出这套"经济预测科学丛书"。这套丛书不仅注重预测理论、方法和技术的创新，而且也关注在预测应用方面的流程、经验与效果。此外，丛书的作者们将尽可能把自己在预测科学研究领域中的最新研究成果和国际研究动态写得通俗易懂，使更多的读者和其所在机构能运用所介绍的理论、方法和技术去解决他们在实际工作中遇到的预测难题。

在这套丛书的策划和出版过程中，中国科技出版传媒股份有限公司董事长林鹏先生、副总经理陈亮先生和科学出版社经管分社社长马跃先生提出了许多建议，做出了许多努力，在此向他们表示衷心的感谢！我们要特别感谢路甬祥院士，以及中国科学院院长白春礼院士、副院长丁仲礼院士、副院长张亚平院士、副院长李树深院士、秘书长邓麦村教授等领导长期对预测中心的关心、鼓励、指导和支持！没有中国科学院领导们的特别支持，中科院预测中心不可能取得如此大的成就和如此快的发展。感谢依托单位——中国科学院数学与系统科学研究院，特别感谢原院长郭雷院士和院长席南华院士的长期支持与大力帮助！没有依托单位的支持和帮助，难以想象中科院预测中心能取得什么发展。特别感谢中科院预测中心学术委员会前主席成思危教授和现主席汪同三学部委员的精心指导和长期帮助！中科院预测中心的许多成就都是在他们的直接指导下取得的。还要感谢给予中科院预测中心长期支持、指导和帮助的一大批相关领域的著名学者，包括中国科学院数学与系统科学研究院的杨乐院士、万哲先院士、丁夏畦院士、林群院士、陈翰馥院士、崔俊芝院士、马志明院士、陆汝钤院士、严加安院士、刘源张院士、李邦河院士和顾基发院士，中国科学院遥感应用研究所的李小文院士，中国科学院科技政策与管理科学研究所的牛文元院士和徐伟宣教授，上海交通大学的张杰院士，国家自然科学基金委员会管理科学部的李一军教授、高自友教授和杨列勋教授，西安交通大学的汪应洛院士，大连理工大学的王众托院士，中国社会科学院数量经济与技术经济研究所的李京文院士，国务院发展研究中心李善同教授，香港中文大学刘遵义院士，香港城市大学郭位院士和黎建强教授，中国航天科技集团公司 710 所的于景元教授，北京航空航天大学任若恩教授和黄海军教授，清华大学胡鞍钢教授和李子奈教授，以及美国普林斯顿大学邹至庄教授和美国康奈尔大学洪永淼教授等。

许国志院士在去世前的许多努力为今天中科院预测中心的发展奠定了良好的基础，而十余年前仙逝的钱学森院士也对中科院预测中心的工作给予了不少鼓励和指导，这套丛书的出版也可作为中科院预测中心对他们的纪念！

汪寿阳

2018 年夏

前　　言

　　开展资源能源安全风险监测与分析预警，切实防范资源能源风险，对于维护我国经济稳定、确保我国经济安全具有非常重要的意义。一直以来，宏观经济及资源能源的监测、预测和预警是学术界和政府相关部门的重要研究和工作方向，也取得了一些有效的研究成果。要实现预测、预警，首先要建立数据监测平台和数据库，及时采集对预测分析有价值的数据。预测的核心是建立各种预测模型，并不断地调整模型参数或更新所使用的预测模型方法以维持良好的预测精度。预警的核心是要理解经济系统或者资源能源板块的内在规律和机制，从而利用监测指标和预测结果提供有效的风险预警。本书详细探讨对资源能源安全风险进行监测、预测乃至预警过程中的监测数据采集和可得性问题、预测模型和方法的选择与优化问题及特定风险诸如供给中断风险的监测和预警问题等。相对于已有工作，本书特别分析大数据分析方法及人工智能方法在大宗商品特别是资源能源品的安全风险监测、预测中的作用。

　　本书充分融合了理论、方法和实践。在综述大宗商品预测、预警的相关研究和实践工作的基础上，结合金融学理论深入分析资源能源等大宗商品价格波动风险的影响因素，结合我国的数据情况详细探讨监测数据及监测指标，并对特定的风险监测指标进行深入分析。本书系统地比较分析多种预测方法，包括计量经济学模型、时间序列分析方法、人工神经网络（artificial neural network，ANN）方法、深度学习方法和多种方法的混合模型，以及多种方法论的综合集成方法，等等。其中，本书详细介绍集成学习的有关方法。在对这些方法进行对比分析的基础上，本书还对多种方法进行实证检验，包括线性回归模型、自回归移动平均（autoregressive moving average，ARMA）模型、向量自回归（vector autoregressive，VAR）模型，以及融合了小波分解和深度学习的混合模型，用以检验不同模型在期货价格波动预测方法的预测效力和表现。此外，本书融合大数据分析、物联网技术和文本挖掘方法对资源能源供给中断风险的监测分析进行探讨，以提出新的资源能源安全监测方法。最终结合相关实践，本书提出有实用价值的资源能源安全监测和分析预警系统的大数据解决方案。

本书共 11 章，主要分为五个部分。第 1 章是文献和相关工作的综述。第 2 章至第 5 章围绕资源能源类大宗商品价格波动风险的监测分析，重点探讨价格影响因素、监测指标的构建和监测数据的获取等问题。我们提出资源能源价格波动风险的监测框架，并且以原油、铜、橡胶三种与资源能源安全相关的大宗商品作为例子，分析该框架的适用性和一般性。第 6 章至第 9 章主要讨论并对比分析资源能源价格预测的各种方法，包括计量经济学方法、统计学方法、时间序列分析方法、变换分解等数学方法、人工智能和机器学习的数据挖掘方法、混合预测方法及综合集成的预测方法等。以铜和天然橡胶为例实证分析计量经济学模型、时间序列分析模型及深度学习模型的预测效果。此外，以原油为研究对象，在一些计量经济学和时间序列分析模型的基础上，我们进一步论证优选模型的预测系统的构建方法。第 10 章从数据监控方式的角度讨论资源能源供给中断风险的监测分析。第 11 章提出资源能源安全监测和分析预警系统的整体架构设计方案。

本书依托实践中的需求展开，综述介绍并深入研究资源能源安全监测和分析预警的有关方法。部慧主要负责大宗商品监测预警分析的整体架构设计、大宗商品影响因素分析及监测体系构建、预测方法比较分析、计量经济学和时间序列分析模型的实证分析等相关内容的撰写；王静远主要负责大数据分析中涉及数据采集问题、多种预测模型的集成学习、机器学习方法及其实证研究、供给中断风险的监测问题等相关内容的撰写；大家共同提出面向资源能源安全监测和分析预警系统的整体设计方案。具体而言，第 1 章到第 8 章由部慧主笔，而其中的数据调研由王静远主笔；第 9 章至第 11 章由王静远主笔。本书最后由部慧进行审校。本书在撰写过程中汇总了大量文献资料、机构报告、机构披露信息等。特别地，本书的第 3 章、第 4 章和第 8 章是根据部慧和合作者已发表的三篇期刊论文扩展而来，分别是部慧和何亚男（2011）、张文等（2011，2012）。同时，为了使本书既满足相关领域研究人员的需要，又满足高等院校教学使用的需求，本书包含一些方法的简要介绍。希望本书能作为大宗商品研究和期货预测领域的相关从业者和初学者的一本包含了相关理论、方法、实证和实践研究的入门级读物。

本书的研究工作和出版得到了一些基金项目的资助，其中部慧的工作得到了国家自然科学基金项目（71373001、71671012、91846108）的支持，王静远的工作得到了国家重点研发计划（2019YFB2102100）、国家自然科学基金项目（61572059、U1636210、71531001）和大数据科学与脑机智能高精尖创新中心的支持。

本书中涉及对大量机构的调研工作，这里要感谢提供帮助的相关机构的工作人员和学者，感谢他们给予的帮助和建议。很多学生参与了本书的文献和资料的汇总整理工作，这里要感谢李丰达、吴雪莹、贾焕庭、任孝明、高芃赫、李姝、李旭桥、马元等。部分章节的实证模型由学生配合构建，感谢参与模型构建的任孝明、李旭桥、贾焕庭、高芫赫等。贾焕庭同学参与了本书最后修改和校稿阶段特别是第 9 章至第 11 章的大量修改校对工作，在此表示感谢。最后对给予我们帮助、意见和建议的所有人员表示衷心的感谢。

部慧　王静远

2019 年 9 月 13 日于北京航空航天大学

目　　录

第1章 绪 论

1.1 本书研究背景

自然资源是人类社会生存与发展的物质基础。世界资源能源分布不均和资源相对稀缺，因此获得和控制足够的资源能源成为国家安全战略的重要目标之一。经过改革开放四十余年的高速发展，我国的经济结构同全球经济高度融合，我国已经成为世界第二大经济体，成为全球工业体系非常重要的组成部分。随着我国经济发展速度的提高和经济体量的增大，我国在能源、原材料等大宗商品方面的对外依存度也在不断提高。根据海关总署公布的《全国进口重点商品量值表（美元值）》的统计结果：2013年我国的原油进口量为28 195万吨，成品油进口量为3959万吨，煤及褐煤进口量为32 702万吨，铁矿砂及其精矿进口量为81 941万吨，铜矿砂及其精矿进口量为1007万吨。2014年我国的原油进口量为30 838万吨，成品油进口量为3000万吨，煤及褐煤进口量为29 122万吨，铁矿砂及其精矿进口量为93 251万吨，铜矿砂及其精矿进口量为1181万吨。2015年我国原油进口量为33 550万吨，成品油进口量为2990万吨，煤及褐煤进口量为20 406万吨，铁矿砂及其精矿进口量为95 272万吨，铜矿砂及其精矿进口量为1329万吨。2016年我国原油进口量为38 101万吨，成品油进口量为2784万吨，煤及褐煤进口量为25 543万吨，铁矿砂及其精矿进口量为102 395万吨，铜矿砂及其精矿进口量为1696万吨。2017年我国原油进口量为41 957万吨，成品油进口量为2964万吨，煤及褐煤进口量为27 090万吨，铁矿砂及其精矿进口量为107 474万吨，铜矿砂及其精矿进口量为1735万吨。2018年我国原油进口量为46 190万吨，成品油进口量为3348万吨，煤及褐煤进口量为28 123万吨，铁矿砂及其精矿进口量为106 447万吨，铜矿砂及其精矿进口量为1972万吨。从统计结果上看，我国重要资源能源品的进口整体上在上涨。不断提高的资源能源对外依存度也给我国的资源能源安全乃至经济安全带来了非常大的不确定性。

2008年金融危机以来，国际政治经济环境发生了深刻的变化。例如，美国持续推行量化宽松货币政策、2011 年澳大利亚极端天气及近期的厄尔尼诺现象影响世界粮食及其他大宗商品市场、中东紧张的政治局势、希腊债务危机等，这些都会引发大宗商品价格的剧烈波动。自 2014 年下半年，由于全球经济疲软、美国货币政策、地缘政治等因素的影响，大宗商品市场价格急速下跌。特别是原油市场，2014 年下半年经历了原油价格的大幅下跌。作为全球原油定价主要标的的美国纽约商业交易所（New York Mercantile Exchange，NYMEX）的西得克萨斯中质（West Texas intermediate，WTI）原油期货价格从 100 美元/桶大幅下跌至 50 美元/桶，并且在 2015 年 12 月继续下跌至 36.28 美元/桶的新低。原油市场的动荡使得整个大宗商业市场普遍受到波及。国际市场中的价格波动、产能变化、地缘政治、气候影响等不确定因素都对我国资源能源安全造成了巨大的威胁。开展资源能源安全风险监测与分析预警，切实防范资源能源风险，对于维护我国经济稳定、确保我国经济安全具有非常重要的意义。

一直以来，对宏观经济及资源能源的监测、预测和预警是学术界和政府相关部门的重要研究方向和工作方向，也取得了一些有效的研究成果。要实现预测、预警，首先要建立数据监测平台和数据库，及时采集对预测分析有价值的数据。预测的核心是建立各种预测模型，并不断地调整模型参数或更新所使用的预测模型方法以维持良好的预测精度。预警的核心是理解经济系统或者资源能源板块的内在规律和机制，从而利用监测指标和预测结果提供有效的风险预警。随着预测模型的不断演化和发展，从单一预测模型发展到混合模型，再发展到集成预测等方法，对预测预警平台的计算能力和预测模型的智能性提出了更高的要求。例如，Wang 等（2005）提出的 TEI@I 方法论，系统地融合了文本挖掘技术、计量经济学模型、智能技术，并将这一方法论应用到复杂动态市场价格的波动预测中，在学术研究中取得了大量成果。该预测方法论的实现，不仅需要经济学模型、人工智能的算法，还需要有大数据分析和处理的技术与能力，尤其是人机交互方法、专家系统和知识管理方法，以及综合集成方法，这对预测预警系统提出了更高的要求。本书研究以该方法论作为基础框架，不断深化对资源能源等大宗商品的监测、预测和预警方法的研究。

互联网和大数据时代的到来为资源能源安全监测与分析预警提供了全新的方式和途径。经过多年的蓬勃发展，互联网已经深入国家社会经济活动的方方面面，并深刻地改变着传统的社会和产业格局。与此同时，海量的社会活动信息在通过互联网进行信息交换的同时以数字化的形式沉淀了下来，并形成了网络大数据，人们开始能够以相对低廉的成本获得前所未有的数据信息。互联网开放的思维模式，以数据为主导的决策分析手段，已经成为行业趋势分析、预测与决策的新方法和新工具。2015 年 3 月 5 日国务院总理李克强在作 2015 年政府工作报告时首次提出要制定"互联网+"行动计划，推动移动互联网、云计算、大数据、物联网等与现代制造业结合，促进电子商务、工业互联网和互联网金融健康发展，引导互联网企业拓展国际市场①。在这样的发展潮流下，我们要使用互联网思维和大数据技术全面提升与改进大宗商品特别是重要资源能源品管理的决策水平，提高资源能源安全风险监测预测能力。我们应当及时抓住这一战略机遇，深入研究大数据和互联网技术未来 5~10 年在资源能源安全领域的应用趋势，从而全面改进和升级我国的相关管理决策方式，如物资储备决策方式，提升我国宏观经济在国际能源与资源供应方面的抗风险能力，提高我国防范国际市场风险的能力。

1.2 本书研究思路

在本书中，我们将资源能源的安全风险水平定义为："一个国家的相关机构，为了满足该国国民经济正常运行的需求，能够以合理的价格稳定可靠地获得资源供给的能力和水平。"换言之，对于资源能源的安全问题，有两方面的议题值得我们关注：其一，资源能源的价格波动风险；其二，资源能源的供给安全。如何解决这两个问题，使我国的战略物资储备工作能做好风险防控、安全有效的开展，从而服务于我国国民经济的正常运行，是本书研究的价值所在。

资源能源安全是全世界政府机构及其他利益相关体所关注的重点，为了对资源能源安全进行有效的评估，各国、各组织提出了适合自身需求的资源能源安全评价模型体系。例如，能源供应安全联合研究小组（Joint Energy Security of Supply Working Group，JESS）的能源供应安全评价体系，欧盟委员会的能源安全评价模型，国际能源署（International Energy Agency，IEA）的能源安全模型，亚太能源研究中心（Asia Pacific Energy Research Centre，APERC）的能源安全评价模型等。

首先，我们对国际上这些资源能源安全评价模型进行了调研和综述，并对我国的预测预警系统建设现状进行了调研。其次，我们对大宗商品价格波动和相关风险管理有关的文献进行了梳理与综述，以便我们更加明确地了解我国的发展现状和科研成果的研究进展。在此基础上，根据我们对资源能源安全风险的相关定义，提出资源能源安全风险主要由两部分构成，一是价格波动风险，二是供给中断风险。探讨价格波动风险，是因为价格是对供需关系的直接体现，同时价格具有对市场所有信息灵敏反馈的能力。对价格进行监控，可以快速监控和分析资源能源大宗商品市场的很多问题。本书在资源能源安全风险监测和分析预警方面主要致力于回答下述几个问题：监控哪些数据和因素？预测预警模型如何构建？怎样使用大数据及时预

---

① 2015 年政府工作报告（全文），http://www.china.com.cn/lianghui/news/2019-02/28/content_74505893.shtml [2019-10-08]。

警? 大数据能够发挥哪些作用? 本书具体研究思路如图 1.1 所示。

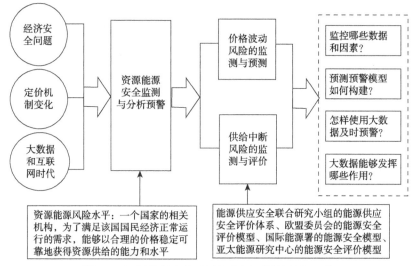

图 1.1　资源能源安全监测与分析预警的研究思路

1.3　大宗商品价格预测的相关研究

　　大宗商品价格预测的方法,从模型使用的数据角度来说,分为基于商品价格序列的方法,以及基于商品价格影响因素的方法;从预测模型的类别来看,主要分为基于时间序列分析模型的方法,基于计量经济学模型的预测方法,基于人工智能算法的预测方法,混合了计量经济和人工智能算法的方法,以及各种混合模型,等等。我们归纳总结了文献中对大宗商品预测的主要方法,具体的模型方法的分类讨论和对比分析详见第 6 章及第 9 章。

　　目前商品价格预测的研究主要集中在对国际原油价格的预测上。由于国际原油价格自身波动的复杂性,油价波动呈现出高度的非线性甚至混沌的特性,这些特点给油价预测问题的研究带来了很大的困难。尽管如此,许多专家学者和业界人士对国际原油价格预测问题进行了深入探讨,取得了一批丰富的研究成果。

　　国际原油价格受很多因素的影响,而不仅仅是受油价本身的影响,因此许多研究者基于油价影响因素构建了多因素的预测模型对国际原油价格进行预测。很多研究利用误差修正模型(陈曦等,2008;张一等,2003;王振全和徐山鹰,2000)、动态因子模型(Stock and Watson,2002a,2005)、多元回归模型等。Lanza 等(2005)利用向量误差修正模型(vector error correction model,VECM),调查了重油与成品油价格间的动态性,进而对重油价格进行了预测分析。Ye 等(2005)提出了相对库存概念，并建立了原油现货月度预测模型，实证结果显示该模型具有较好的样本内和样本外预测效果。此后，Ye 等（2006）进一步对模型进行了修正，提出了高–低库存概念，进而分析了从 1991 年海湾战争到 2003 年 10 月的国际石油市场，并对原油价格进行了短期预测。何小明等（2008a，2008b）从生产和供需的角度分析选取变量，建立了反映世界原油市场动态结构的 VAR 模型和 VECM 等计量经济学模型，对年度国际原油价格进行短期预测。Coppola（2008）利用从 1986 年以来的 WTI 原油期货价格周度数据，构建了 VECM。宫雪等（2008）从投资活动入手，利用基金持仓等变量构建了多元线性回归模型用于原油价格的预测。何亚男等（2008）根据 WTI 原油期货价格月度数据，利用动态因子分析方法，综合考虑石油市场上可以获得的大量面板信息，建立了因子预测模型。

上述方法多采用计量经济学模型，需要详细探讨对大宗商品价格具有影响的因素。综合所有文献，目前在国际原油价格预测中使用最多的因素是原油的供需关系、库存、美元汇率，以及市场交易活动如基金投机活动等，还包括一些地缘政治和突发事件对原油价格的冲击。关于原油价格的影响因素，我们在第 2 章至第 4 章中进行详细讨论。

在基于时间序列的国际油价预测中，Morana（2001）提出了一个半参数方法对短期国际石油价格进行预测，结果显示该方法提高了部分预测精度。Abosedra 和 Baghestani（2004）利用最简单的时间序列分析模型，讨论了原油期货价格预测的准确性。Gori 等（2007）分析了石油价格的演变历史，并分别建立线性、抛物线和无序模型，对国际油价的未来走势进行了预测。Sadorsky（2006）基于广义自回归条件异方差（generalized autoregressive conditional heteroskedasticity，GARCH）模型和门限广义自回归条件异方差（threshold GARCH，TGARCH）模型，建立了多个单因素和多因素预测模型，估计了原油期货价格的波动，并对原油期货价格进行了预测。Fong 和 See（2002）在对油价波动性的分析中加入了马尔可夫机制转换模型（Markov regime switch model）。

近年来随着人工智能的发展和应用领域的扩大，智能方法在基于油价时间序列的预测中也取得了一些研究成果。在大宗商品领域应用最多的是人工神经网络方法。人工神经网络有很多种，如前馈神经网络（feedforward neural network，FNN）、反向传播（back propagation，BP）神经网络、卷积神经网络、循环神经网络、自适应线性神经网络（adaptive linear neural network，ALNN）等。求解算法也很多，其中应用最为广泛的是遗传算法。

随着以前常用于信号处理领域的一些数学方法在其他领域的扩展，我们看到了很多方法的合成方法。信号处理领域中的相位变换、小波变换、谱分析等方法逐渐推广到经济金融的时间序列分析中，并且与人工智能等数据挖掘方法的结合最为密切。

小波分析在金融领域应用很广泛，如在经济周期分析、金融时间序列预测等方面的应用。Cao 等（1996）将小波神经网络与 Takends 提出的相空间重构理论结合，首次将小波变换引入金融时间序列预测中。此后 Wang 等（2005）利用小波做汇率预测。Yousefi 等（2005）提出了一个基于小波的预测模型，并用于原油期货价格预测。鲍叶静等（2008）根据小波变换对原油价格序列进行多尺度分析和预测，通过预测仿真试验揭示了小波多尺度分解有利于提取序列中的局部信息，提高预测精度，并且在两种多尺度预测模型中，基于小波分析的最小二乘支持向量机和自回归（wavelet analysis based least squares support vector machine and autoregressive，W-LSSVM-AR）模型略优于基于小波分析的最小二乘支持向量机（W-LSSVM）模型。除了小波分析，还有很多类似的方法。Alvarez-Ramirez 等（2002）利用相位变换（phase transitions）对油价进行预测，研究结果表明对称相位与非对称相位可以应用到油价的波动预测当中。Zhang 等（2008）将集合经验模态分解（ensemble empirical mode decomposition，EEMD）技术应用到对原油价格的分析中，讨论了影响原油价格波动的不同成分，便于我们理解原油价格的内在规律。

小波分析和神经网络结合形成的小波神经网络在大宗商品预测中应用十分广泛（Zhang et al.，2001；Zhang and Benveniste，1992；Zhou 等，2004；Khayamian et al.，2005；Yu et al.，2007）。梁强等（2005）基于小波神经网络建立了油价长期趋势预测模型，实证结果显示该模型的预测结果比传统的整合移动平均自回归（autoregressive integrated moving average，ARIMA）模型和 GARCH 等模型要好。Fan 等（2008）提出了一个基于模式匹配的预测模型，对国际油价进行了多步预测。庞叶等（2008）基于小波神经网络提出了一个新的预测模型，用经济合作与发展组织（Organization for Economic Cooperation and Development，OECD）的工业库存数据来预测国际原油价格。

随着预测方法和技术的发展，综合集成的预测方法开始成为研究焦点。Wang 等（2005）提出了 TEI@I 方法论，系统地融合了文本挖掘技术、计量经济学模型、智能技术，并将这一方法论应用到复杂动态市场价格的波动预测中，特别是对国际原油价格的预测取得了很好的预测效果。该方法论随后被应用于多个领域。例如，经济或行业分析、金融市场如外汇汇率和大宗商品价格等预测工作。Yu 等（2008）提出了一个基于经验模态分解（empirical mode decomposition，EMD）的神经网络预测模型，实证结果显示基于 EMD 分解后的序列，采用 FNN 和 ALNN 的集成预测方法（EMD-FNN-ALNN），预测精度要显著地高于几个模型平均方法（EMD-FNN-averaging）。张文等（2011）提出对于国际原油市场这个复杂的经济系统，实际的油价预测工作也具有半经验、半理论的属性，经验和理论随着预测工作的进行也在不断地发展，预测精度较高的结果往往来自内部专家对模型、经验和信息等的综合集成。因此，他们开发了模型优选系统。

1.4 资源能源安全评价模型节选

能源安全界定是能源安全识别的基础和前提，能源安全评价方法是识别能源安全状态的重要工具和手段。在能源安全理论研究的基础上展开定量评价，一方面，这是理论研究工作的延伸也是对理论研究的验证；另一方面，这有助于在量上把握能源安全演进态势，为能源相关政策的制定提供科学依据（即展开更高层次的定性研究）。能源安全模型可分为短期和长期能源安全模型，而又以对后者的研究为主。国际上较具代表性的能源安全模型主要是能源供应安全联合研究小组的能源供应安全评价体系（JESS，2006）、欧盟委员会的能源安全评价模型、国际能源署的能源安全模型、亚太能源研究中心的能源安全评价模型。我国的中国科学院地理科学与资源研究所也提出了一套资源安全评价方法。根据刘立涛等（2012）、JESS（2006）、APERC（2007）及其他各个机构公布的资料，我们对这些模型进行了详细的调研和综述。

1. 能源供应安全联合研究小组的能源供应安全评价体系

2001 年 7 月，英国贸易与工业部和天然气电力市场办公室成立能源供应安全联合研究小组，并对英国未来天然气与电力供应安全进行研究。能源供应安全联合研究小组针对天然气与电力供应安全问题，从能源供需预测、市场信号和市场响应三个角度构建了能源供应安全评价体系（JESS，2006）。

能源供应安全联合研究小组的能源供应安全评价体系建立的前提条件为自由化的能源市场，能源价格作为市场信号直接影响消费者与供给者行为，并假设通过自由竞争能够保障供应安全。虽然能源供应安全联合研究小组的能源供应安全评价体系的提出及相关信息的定期发布对英国能源市场行为主体具有一定的指导性，但是该体系仅考虑了天然气与电力供应安全，此外，能源供应安全联合研究小组的能源供应安全评价体系建立的条件较为苛刻，这也在一定程度上限制了该体系的推广及运用。

2. 欧盟委员会的能源安全评价模型

欧盟委员会在 2006 年欧盟绿色能源研究报告中正式提出了能源安全评价模型，为欧盟成员国提供了能源供应安全评估标准。该模型可以帮助欧盟成员国对其初步制定的能源政策进行审查和调整。

该模型前期研究主要着眼于两个科学问题：讨论设计长期能源供应安全指数是否可行及如何设计的问题；关于天然气（长期）供应中断形成原因及其响应机

制与成本的问题。欧盟委员会的能源安全评价模型是危机管理能力指数与供给/需求指数综合集成的结果。

　　危机管理能力指数主要关注短期能源供应中断问题，由风险评估与应急管理两部分构成。其中，风险评估主要对国内能源生产、国外能源进口、能源转化和运输不同环节中可能出现的短期供应中断风险进行评估。减灾与应急措施是指当能源供应突然出现中断时，一国减缓风险和采取应急措施对风险进行调控管理的能力。供给/需求指数侧重于中长期能源安全，主要包括最终能源需求、能源转化与运输和一次能源供应三方面内容：在最终能源需求方面，供给/需求指数根据能源需求基准情景设置和选取工业、生活、第三产业及交通四大部门能源强度作为基准参数。在能源转化与运输方面，供给/需求指数分析了电力、天然气、热利用和交通燃料等二次能源的运输转化。该指数主要研究能源转化效率、电网覆盖、发电的充分性与可靠性，以及热、燃料运输和提炼的充足性与可靠性。在一次能源供应方面，该指数主要评价了一次能源资源产地（本国生产、欧盟其他成员国进口、欧盟外进口）与长期合同、短期合同对能源供应安全的影响。欧盟委员会的能源安全评价模型中供给/需求指数的具体指标及权重如图 1.2 所示。

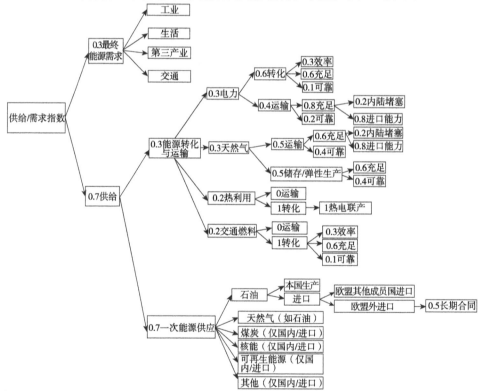

图 1.2　欧盟委员会的能源安全评价模型中供给/需求指数的构建方法

资料来源：刘立涛等（2012）

欧盟委员会的能源安全评价模型包括如下特点：综合考虑了短期与长期能源安全、认为能源安全评价是能源供求共同作用的结果。此外，与传统能源安全研究仅考虑部分相关因素（如一次能源资源主要关注石油和天然气或者电力系统）相比，供给/需求指数的创新性在于综合地考虑了能源系统要素的影响。目前，供给/需求指数已被广泛应用于欧洲能源供应安全的研究中，如能源供应安全现状分析、能源供应安全脆弱性分析、现在与未来能源发展情景分析、不同能源政策影响分析及能源供应安全对温室气体排放、可再生能源发展的影响等。

3. 国际能源署的能源安全模型

国际能源署的能源安全模型从能源价格与供应中断两方面评估能源价格波动、能源供应中断对能源安全的影响。在完全竞争市场中，单个企业的市场行为（定价、增产或减产）应该对市场定价影响甚微。与此相对，由于化石能源资源分布相对集中，化石能源生产大国市场行为具有较大的市场影响力。因此，在国际能源署能源安全研究中，市场影响力评估成为构建能源价格的基础，他们通过勒纳指数、市场份额及市场集中度指数来测度市场影响力。国际能源署能源价格波动风险评价则主要通过市场集中度指数与能源安全指数来实现。他们的研究指出由于液化气和管道天然气的贸易弹性不同，在评价其供应中断风险时，应区分不同的运输模式。当管道天然气供应不足时，受管道基础设施建设的限制，无法迅速从天然气市场的其他供应商处获取补充，因此，管道天然气供应中断风险成为天然气消费国保障能源供应安全面临的主要挑战。鉴于此，国际能源署提出以石油指数合同采购的管道天然气占能源供给总量的比重作为衡量能源供应中断风险的主要指标。该指标越高，说明该国能源供应面临中断的风险越大，该国能源越不安全（刘立涛等，2012）。

4. 亚太能源研究中心的能源安全评价模型

正如亚太能源研究中心所关注的，伴随着亚太经济合作组织（Asia Pacific Economic Cooperation，APEC）中地区经济和人口的快速增长，能源需求不断扩大，能源安全成为保障 APEC 地区能源可持续发展的关键一环。如何应对未来不断扩大的能源需求及逐渐衰竭的化石能源资源供给成为 APEC 成员方亟待探讨的问题。亚太能源研究中心的能源安全评价模型从潜在供应风险、能源资源多样化及进口依存度三个方面，构建了五个能源供应安全指标，包括一次能源需求多样化指数、净进口依存度、低碳能源需求指数、石油净进口依存度、中东石油进口依存度（APERC，2007）。

亚太能源研究中心提出了能源安全的"4A"概念，即基于地质因素的可利用性（availability）、基于地缘政治因素的可得性（accessibility）、基于经济因素的可负担能力（affordability）和基于环境与社会因素的可接受能力（acceptability）。

这四者之间不是相互孤立的，而是存在复杂的相互作用关系。亚太能源研究中心认为影响能源供应安全的因素主要来自以下五个方面：燃料储备及国内外供给者情况，经济体满足预期能源需求的供给能力，经济体能源资源和供给者多样化水平，与获取能源资源的便利性和可得性相关的能源基础设施（如能源运输基础设施），地缘政治因素。Kruyt 等（2009）认同亚太能源研究中心的观点，并且认为能源安全概念的四大要素最为重要的首先是经济体能源的可利用性，其次为能源的可得性，再次是可负担能力，最后为可接受能力。

5. 中国科学院地理科学与资源研究所的资源安全评价方法

在国内代表性模型研究方面，中国科学院地理科学与资源研究所受国家自然科学基金项目"我国短缺资源跨国开发的风险管理"的支持，对我国资源安全的影响因素与评价指标进行了系统的研究。通过分析，中国科学院地理科学与资源研究所团队总结出影响资源安全的五个主要因素，包括资源因素、政治因素、经济因素、运输因素、军事因素。进一步地，他们将上述五个主要因素又细化为十四项具体的指标，如表 1.1 所示。

表 1.1 中科院地理科学与资源研究所团队的模型主要因素及细化指标

主要因素	细化指标	计算方法
资源因素	资源保障度（B）	$B=K \times R_s/R_c$，K 为资源综合回收率；R_s 为资源的剩余可采储量；R_c 为资源的消费量
	资源对外依存度（Y）	$Y=(Q_i-Q_e)/Q_c$，Q_i 为资源进口量；Q_e 为资源出口量；Q_c 为资源消费量
	资源储备率（S）	$S=$资源储备量/资源日均消费量；或者 $S=$资源储备量/资源消费量
	资源进口份额（F）	$F=$资源进口量/世界资源贸易总量
政治因素	对外关系稳定度	分为 5 个不同的等级：5 为盟国关系，4 为战略协作伙伴关系，3 为一般关系，2 为紧张关系，1 为敌对关系
	国内政治稳定度	分为 5 个等级：非常稳定，稳定，较稳定，不太稳定，很不稳定
经济因素	短期资源进口能力	短期资源进口能力指数=100-资源进口额/出口额总额×100
	长期资源进口能力	长期资源进口能力指数=100-资源进口额/外汇储备额×100
	价格波动系数（P）	$P=(P_h-P_l)/P_a$，P_h 为某一期间的最高价；P_l 为同期的最低价；P_a 为同期的平均价
运输因素	运输距离	分级和评分
	运输线的安全度	考虑受人为因素影响的程度
军事因素	对资源供应地的军事控制、干预能力	分为 5 级
	对重要资源运输要道的控制能力	根据各个国家对世界主要运输通道的实际控制能力来判断，也可以间接地用海军的远洋作战能力来判别（将航母、远洋舰艇的数量等作为判断标准）

1.5　我国经济与金融预测预警系统建设的现状

目前在经济与金融预测预警方面国内外都有大量的研究。经济预警方面可供选择的主要理论方法有：景气指数法、综合分析法和状态空间法。其中，景气指数法认为经济变动有较规范的周期规律，并通过这种规律进行预警。景气指数法一般需要根据所研究经济目标进行指标筛选，得到由先行/一致/滞后三个类别组成的反映经济运动规律的指标组合，通过先行指标的波动特征来预报一致指标和所研究经济目标的波动趋势（Stock and Watson，1988，2002b；Hamilton，1989；Forni et al.，2000，2005；Carriero and Marcellino，2007；高铁梅等，2002；温渤等，2009）。

目前，我国政府机构采用的很多经济预测系统都是采用景气指数法构建的。例如，我们接下来介绍的中国人民银行和中科院预测中心合作构建的中国人民银行宏观经济监测预警系统就是采用了景气指数法来进行经济预警分析的。

1.5.1　相关政府机构的工作

由于经济发展的需要，经济监测、预测、预警方面的研究日益得到科研单位的重视；并且我国越来越多的政府机构在管理决策等环节引入经济与金融预测方面的工作作为决策支撑辅助。很多政府部门如国家发展和改革委员会（以下简称国家发改委）、中国人民银行、国家统计局、商务部、国家外汇管理局等均设有预测部门负责预测工作。国内的各大券商、部分商业银行都有预测相关服务并提供研究报告。国内科研机构进行了大量的有关预测、预警和相应平台建设的科研工作，这些工作绝大多数以科研论文的形式发表。最值得关注的是，2005 年以来，政府机构与科研单位合作建设了很多经济预测预警系统，这些系统目前应用于经济金融等有关的管理工作、辅助决策。我们调研了经济与金融预测预警系统建设的主要相关单位，并对这些单位的相关经济与金融预测预警系统建设的有关情况进行了总结。

1. 国家发改委

国家发改委有很多机构从事经济监测、预测工作，如国家信息中心、价格监测中心等。国家信息中心经济预测部负责对宏观经济和世界经济监测预测，承担国民经济和社会发展重大问题研究、数量模型（分析工具）开发和宏观政策仿真等决策支持任务，完成国家发改委等交办的任务。国家信息中心掌握大量国家经济相关的数据，拥有自己的数据库系统，做了大量的经济监测工作，也有自己的经济监测预测系统平台。

2014 年国家发改委提出"适应经济决策需要，加快运行监测、应急调度、行业产能、能耗监测、价格监管等信息化建设，推进各类信息资源的协同共享，完善综合监测分析平台。建成经济运行监测与应急调度指挥系统、产能严重过剩行业信息系统、重点用能单位能耗在线监测系统、市场价格监管信息化工程，不断提高经济决策的信息化、科学化水平"[①]。国家发改委目前拥有实时价格应急监测调查系统、经济运行监测系统等。

2. 中国人民银行

中国人民银行有调查统计司，该司承办金融信息和有关经济信息的搜集、汇总、分析工作；制定金融业综合统计制度，协调金融业综合统计工作；负责货币供给和货币政策方面的统计并按规定对外公布；参与金融和货币统计有关的会计科目设置；搜集、整理与中国人民银行有贷款关系金融机构的资产负债表和损益表；按照规定提供金融信息咨询。

中国人民银行 2007 年开始与中国科学院数学与系统科学研究院的汪寿阳团队合作，开展了中国人民银行总行货币监测与分析系统研究项目，随后继续与中国科学院团队合作，构建了中国人民银行宏观经济监测预警系统。该系统目前为央行的金融政策决策提供了很好的支持和帮助。

3. 国家外汇管理局

国家外汇管理局拥有货物贸易外汇监测系统、电子表单系统体系（该系统可完成多种业务的调查和统计）、进出口企业调查问卷系统、市场预期调查统计系统等。其中，市场预期调查统计系统于 2012 年 11 月正式上线使用，该系统提供市场对国家经济最为重要的几十个经济指标预测值的调查，参与调查的对象不仅包括国外的投资银行、国内的券商等金融机构，还包括国内外从事预测的科研机构等。该系统不仅会公布每次调查得到的经济指标预测值情况，还会对参与提供预测结果的机构进行排名，并且公布排名情况。

1.5.2 相关科研机构的工作

在经济预测预警方面，国内相关科研机构和团队很多，包括中国科学院数学与系统科学研究院和中科院预测中心以汪寿阳、陈锡康老师为代表的研究团队、东北大学的高铁梅教授的研究团队等。这里我们详细介绍最具代表性的中科院预测中心的一些工作。

---

① 国家发展改革委法治机关建设规划（2013-2018 年）（5），http://politics.rmlt.com.cn/2014/0213/229864_5. shtml[2020-11-06]。

中科院预测中心的团队在宏观经济预测预警、行业监测预测预警、金融市场预测，如外汇汇率预测、国际石油价格预测、经济预测、房地产价格预测等方面均有大量研究工作发表。陈锡康老师领导的研究团队在对粮食产量预测领域中保持了国内领先水平，提供了政府机构最信赖的预测结果之一。表 1.2 列示了中科院预测中心和中国科学院管理、决策与信息系统重点实验室的一些科研项目[①]。

表 1.2　中科院预测中心和中国科学院管理、决策与信息系统重点实验室近年的
预测预警相关的部分科研项目和横向课题

	项目类别	课题名称	时间段	负责人
纵向课题	国家科技支撑计划	畜产品消费需求量测定技术及预警系统研究	2009/01~2011/12	汪寿阳
	国家科技支撑计划重点项目	农产品数量安全智能分析与预警的关键技术及平台研究	2008/07~2011/07	汪寿阳等
	中国科学院知识创新工程重要方向项目	全球经济监测与政策模拟仿真平台预研项目	2009/06~2011/06	汪寿阳、杨晓光等
	国家杰出青年科学基金项目	基于商务智能的经济预测和金融管理研究	2011/01~2014/12	余乐安
	国家自然科学基金面上项目	非线性投入占用产出技术及其在预测中的应用	2009/01~2011/12	陈锡康、刘秀丽
	中国科学院知识创新工程重要方向项目	国民经济和社会发展中若干重大预测预警问题研究	2009/11~2013/06	杨翠红、陈锡康等
	国家自然科学基金青年科学基金项目	面向宏观经济预警的群决策支持问题研究	2009/01~2011/12	尚维
	中国科学院委托研究与专项咨询服务	全国粮棉油产量数学模型预测与分析	2017/01~2020/12	陈锡康、杨翠红
横向课题	国家发改委项目	宏观经济监测预测预警模型研究、实证分析及系统设计	2008/05~2010/12	汪寿阳
	中国人民银行项目	人民银行总行货币监测与分析系统研究项目	2007/07~2008/12	汪寿阳
	商务部项目	我国进出口预测与分析		徐山鹰

中科院预测中心的研究团队与政府部门合作开发了大量的系统，这些系统服务被国家各个部委和相关部门所采用，用以辅助经济决策。表 1.3 整理了该团队开发的部分系统。中科院预测中心每年召开中国经济预测发布与经济形势高端论坛，发布中科院预测中心对各个年度中国经济增长、物价、投资、消费、进出口、农业、工业、房地产、物流业、大宗商品、行业用水等方面的年度预测值。同时，中科院预测中心也是为国家外汇管理局市场预期调查统计系统提供预测值的机构之一。

① 资料来源：中国科学院预测科学研究中心网站（http://cefs.amss.cas.cn），以及中国科学院管理、决策与信息系统重点实验室网站（http://madis.amss.cas.cn/）。

表 1.3　汪寿阳团队近年开发的部分应用系统

系统名称	合作单位
中国人民银行宏观经济监测预警系统	中国人民银行
国际收支风险预警与分析系统	国家外汇管理局等
外经贸运行决策支持系统	对外贸易经济合作部[1]
网上部分货币汇率预测系统	
灾情评估预测系统	

资料来源：根据中国科学院预测科学研究中心网站和中国科学院管理、决策与信息系统重点实验室网站信息整理

1）现改为商务部

　　以中科院预测中心为中国人民银行开发的中国人民银行宏观经济监测预警系统为例，该系统整合了经济相关的数据，形成了自己的数据库，从而有利于事件经济指标的监测工作；该系统提供对于经济增长、通货膨胀等重要指标的分析；该系统提供对于经济运行的景气预测和预警功能。在经济景气预测和预警板块，该系统设计了景气信号灯的方法，以直观展示经济活动的状态并提供预警。

1.6　大宗商品定价权的相关研究

　　大宗商品管理领域中有一个问题对于经济发展十分重要，那就是大宗商品的定价权问题。大宗商品定价权是制定大宗商品价格发展规则的权利。大宗商品定价权对我国非常重要，这关系我国粮食安全、工业经济安全和制造企业利益，所以相关部门应积极争取大宗商品定价权。

　　大宗商品定价权问题在 2004 年之后逐渐凸显。中国科学院数学与系统科学研究院汪寿阳研究员领导其研究团队针对该问题撰写了一系列的研究报告：《中国经济安全系列研究报告——大宗商品国际定价权与国家经济安全》系列报告。该系列报告分析了 2004 年后大宗商品市场涌现的一些问题和风险事件，如"2004 大豆高位买单风波""铁矿石的定价权缺失、能源产品的'亚洲溢价'""中储棉事件""国储铜事件"等，并对各个大宗商品定价权事件给出了相应的政策建议。基于这些报告，该研究团队出版了专著《大宗商品国际定价权研究》（李艺和汪寿阳，2007）。

　　下面我们列举了几个针对不同的风险事件，汪寿阳团队给出的研究结果和建议：①在"2004 大豆高位买单风波"中，李艺、汪寿阳等着重分析了"中国因素"为何成为"中国劣势"，研究发现尽管美国农业部发布的数据和基金的市场炒作是导致大豆价格剧烈波动并最终引发"大豆风波"的关键环节，但如果把整个事件向前和向后延伸，可以看到芝加哥交易所（Chicago Board of Trade，CBOT）基准合约价格对大豆国际定价的影响、美国粮商对大豆国际产供销渠道的控制，以

及事后由美国大豆协会、美国大豆基金会和 CBOT 组成的美国大豆贸易代表团访华为美国农业部和基金行为所做的解释，无一不与该事件密切相关，并体现出政府部门、行业协会和市场之间的密切协作。为此，作者建议加强政府部门与资本市场、产业和企业的协作；鼓励加工企业进行风险管理；建立权威信息发布机构；改进大豆贸易体制；实现进口来源和渠道的多元化，建立战略安全储备。②铁矿石价格高涨的背后凸显了我国定价权的缺失。供需因素并不能完全解释铁矿石 71.5% 的涨幅。他们深入分析认为我们应实施"走出去"战略，推动产业结构升级，提高国内资源开采利用率，组建国内统一资源采购联合体，建立国家资源危机管理机制。③针对"亚洲溢价"现象，他们认为解决此问题的根本办法在于加强亚洲国家在国际政治中的影响，加强与中东国家的政治合作，除此之外，应减弱对中东石油的依赖程度并建立原油期货市场，参与游戏规则的制定，进而争取石油定价权。④在"中储棉事件"中，他们强调了完善国企改革的重要性。中国储备棉管理总公司是一家政策性国有企业，同时又具有竞争性市场主体性质，这导致企业出现功能混乱。这次事件暴露出了如多个部门控制不力、国有资产决策失误问责制的缺失等问题。他们针对这些问题提出了如下建议：在制度上根据中央企业的不同功能，实行分类监管，严格国企决策失误"问责制"，加快完善企业约束机制，建立科学决策机制，放宽对期货市场套期保值作用的利用。

大宗商品的国际定价权问题在今天仍然是值得关注的问题。汤珂（2014）认为我国应分步骤获得大宗商品定价权。首先，要争取地域性的（如天然气）和垄断性的（如稀土）大宗商品定价权。获得这类大宗商品的定价权相对容易，应积极争取。其次，应争取进口数量巨大的大宗商品的定价权，主要为石油、铜等。同时他认为，我国应采取如下措施争取大宗商品定价权：第一，中国要通过 G20（二十国集团）等国际组织呼吁国际社会对大宗商品市场进行监管，提高市场的透明度；第二，应积极推进我国期货市场改革；第三，推进上海自贸区改革；第四，适时推出以美元为计价单位的商品期货。

有学者将争取大宗商品定价权的重点放在"一带一路"倡议上。作者认为"一带一路"倡议将国内过剩产能输出到"一带一路"周边及沿线国家，实现区域国家经济互补，将单一的中国需求变为以中国主导的区域性需求，进而提高我国大宗商品定价权。

1.7 本书的结构安排

本书分为五个部分进行论述。本书的结构安排如下。

1. 第 1 章, 绪论

第 1 章主要介绍本书的研究背景、相关研究和实践现状, 阐述本书的相关研究工作内容概要、思路等。相关研究和实践现状从我国资源能源预测预警系统建设的现状和资源能源管理相关文献两个方面, 综述国内外的相关研究工作。在文献综述工作方面, 主要分析大宗商品的价格预测、经济金融预警和大宗商品定价权三个方面的研究工作。根据对研究工作的分析, 我们发现价格作为衡量能源资源供需关系等因素的核心指标, 在开展能源资源的安全监测和分析预警方面扮演着非常重要的角色。在我国预测预警系统建设的现状方面, 综述了相关政府机构和科研机构的系统建设, 并重点介绍了中科院预测中心团队的系统建设工作。

本书从能源资源的价格预测、价格相关指标的监控两个角度, 开展了详细的研究, 并从大数据的角度设计了基于大数据的资源能源价格预测和动态监控应用框架, 这是本书的核心思路。

2. 第 2 章至第 5 章, 资源能源类大宗商品价格波动风险的监测分析

第 2 章, 资源能源价格波动风险的影响因素与监测数据分析。依托经济学和金融学理论知识构建影响因素和监测指标体系, 并探讨监测数据来源。通过我们的分析可以看出, 对这些关键大宗商品的价格来说, 其影响因素主要包括供需关系、库存、需求的短期变动、利率和汇率、市场投机活动、市场联动、全球通货膨胀、地缘政治和突发事件等几个方面。获取监控这些因素的指标数据的来源包括对国际经济增长提供统计和预测的重要国际机构、对大宗商品的供给进行控制的垄断联盟、对大宗商品数据进行整理发布的各个国家的政府主管部门或行业协会、期货交易所、交易所监管机构、美国联邦储备体系 (Federal Reserve System) (以下简称美联储)、我国的主要数据发布机构和国内期货交易所等。一些数据库, 如 Wind 数据库、锐思数据库、CCER 中国经济金融数据库, 能够提供比较完备的数据信息。我们对上述数据来源进行了比对分析。

第 3 章, 考虑投机活动和库存信息冲击的国际原油期货价格短期波动研究。重点论述特定因素即投机活动和库存信息对价格波动的影响。该章我们以国际原油为例构建相关分析模型。

第 4 章讨论在金融危机前后国际原油价格影响因素的变化。

第 5 章我们提出资源能源价格波动风险的监测框架。并且在该章中, 我们选择原油、铜、橡胶三种与能源资源安全相关的大宗商品作为例子, 重点分析之前提出的一般性分析框架下各个不同大宗商品的价格影响因素及风险因素监控的主要指标体系。该章内容是对第 2 章提出的一般性分析框架的论证和验证。

3. 第 6 章至第 9 章, 资源能源价格风险的预测预警分析

第 6 章的核心工作是对资源能源的价格预测预警模型方法开展分析研究。在

该章中，我们首先对资源能源的价格预测方法进行了分类概述，主要分为计量经济学方法、统计学方法、时间序列分析方法、变换分解等数学方法、人工智能和机器学习的数据挖掘方法、混合预测方法及综合集成的预测方法七大类方法。其次，我们从差异性和性能两个角度，对这七大类资源能源的预测和预警方法进行了比较分析。上述方法的差异体现在方法的侧重点不同、方法所能处理的数据特性不同、方法所能应用的预测周期不同、方法所能实现的功能不同等方面。最后，在比较分析的基础上，我们进行预测模型的推荐。由于不同模型的侧重点不同，我们推荐在实践中采用 TEI@I 方法论，综合不同类型模型的优势，从而获得最优的模型预测性能。

第 7 章，我们以铜和天然橡胶作为研究对象，重点研究计量经济学和时间序列分析的一些预测模型的构建，以及预测效果的分析。

第 8 章，我们以原油作为研究对象，在计量经济学和时间序列分析的一些模型基础上，进一步论证优选模型的预测系统的构建方法。

第 9 章，我们重点探讨基于深度学习的大宗商品价格预测方法。并且，以天然橡胶为例，探讨融合小波分解和深度学习的混合预测模型在预测价格方面的预测效果。

4. 第 10 章，资源能源供给中断风险的监测分析

第 10 章的核心工作是研究如何从数据监控方式的角度，分析资源能源供应中断风险的监控问题。该章从两个角度对资源能源供应中断风险监控进行分析：一方面是与库存有关的存储和运输的安全监测问题；另一方面是与地缘政治和突发事件有关的监测问题。在与库存有关的存储和运输的安全监测问题方面，该章从物联网大数据的角度，分析智慧矿山、智慧油田、智能农业对资源能源生产方面的影响，从智能交通的角度就资源能源运输对于供给风险的影响，以及从智慧仓储的角度，分析了对库存、资源能源供给安全的影响。在与地缘政治和突发事件有关的监测问题方面，该章讨论了大数据的监测方法。

5. 第 11 章，资源能源安全监测和分析预警系统的整体架构设计方案

第 11 章，我们在前面各章的基础上，提出了资源能源安全风险监控、预测和预警体系构建的总体框架设计方案，包括以下内容：大数据支撑平台的概要设计；从监控、预测、预警三个角度，设计了资源能源安全监测和预警系统的设计流程与方案。

第2章　资源能源价格波动风险的
影响因素与监测数据分析

2.1　大宗商品价格波动风险的影响因素分析

根据经济和金融的基本理论及大量实证研究结果，大宗商品价格是市场供需关系相互作用的结果，而市场价格是供给与需求的均衡关系的灵敏反馈。在对供给和需求分别监测存在数据可得性、数据频率等障碍或困难的时候，对大宗商品价格的监测就显得尤为重要，因为价格波动反映了市场供需关系的变化。

综合国内外研究现状，我们通过讨论大宗商品价格波动的相关影响因素，从资源能源的供给和需求两个方面入手，使用最基础的供求分析模型，提出并构建适合我国资源能源管理现状的资源能源类大宗商品价格波动风险的监控体系。

1. 与需求有关的因素

可以用资源能源品的消费量来观察历史的需求，而对未来需求的预测则需要考察与需求相关的因素。对资源能源的需求按照地域划分，可分为全球总需求、国内总需求、国外市场需求等。在关注大宗商品价格波动风险层面上，全球总需求和国内总需求更为重要。资源能源等大宗商品的全球总需求与全球经济增长、产业周期及行业景气水平等因素密切相关。大宗商品的国内总需求则受到国内生产总值（gross domestic product，GDP）、产业结构和规模、产业政策、产业周期、行业景气水平、货币政策、财政政策、货币供给量等因素影响。若存在替代性资源或者随着技术的进步有新的替代资源出现，那么替代性资源的需求和替代性资源的价格也必然会影响所分析的资源能源等商品的需求。除此之外，随着技术进步和生产效率的提高，资源利用效率的提高也会影响对资源能源的需求。进一步地，我们对核心因素的主要监测指标进行了细分，具体监测指标如表 2.1 所示。

表 2.1　需求因素的监测指标

类别	因素分类	影响因素
全球总需求	经济增长	全球经济增长
	产业发展	产业周期
		行业景气水平
国内总需求	经济增长	GDP
	产业发展	产业结构和规模
		产业周期
		产业政策
		行业景气水平
	与收入有关的政策	货币政策
		货币供给量
		财政政策
替代性资源	资源可替代性	替代性资源的需求
		替代性资源的价格
		技术进步
资源利用效率	使用效率	产业链的生产效率
		技术和研发

2. 与供给有关的因素

供给是决定资源能源风险水平的另一个核心因素。供给的可靠性与稳定性直接决定了某一资源品的风险水平。供给因素和需求因素相互作用，最终决定了资源能源存在的风险水平及风险水平对于国民经济平稳运行所带来的可能影响。在本书中，我们将资源能源风险中的供给因素概括为全球供给、国内供给、进口、库存等核心影响因素；当然地缘政治和突发事件乃至天气、气候等都可能影响供给情况，我们将这些称为供给冲击。我们对核心因素的主要监测指标进行了细分，具体监测指标如表 2.2 所示。在第 3 章我们主要探讨供给的直接指标，以及供给量、进口量、库存量等，对于影响供给的冲击性因素，如地缘政治导致的供给中断或者进口中断、突发事件或极端天气导致的交通运输和物联网方面的因素变化所带来的供给冲击，均在第 5 章中进行讨论。

表 2.2　供给因素的监测指标

核心影响因素	监测指标
全球供给	全球总产量或总供给量
国内供给	国内总产量
进口	进口量
	进口依存度
库存	全球库存
	国内库存（战略储备+商业库存）
供给冲击	地缘政治
	突发事件

3. 与价格有关的因素

价格作为供需关系相互作用的直接产物，能够非常直接地揭示出某一资源能源品种所存在的风险水平。因此，我们需要监控所要分析的商品价格及其替代性商品价格，乃至产业链上下游商品的价格。

为了分析商品价格的波动，我们将在上述供给与需求因素之上探讨供需关系的平衡。供需关系的细微变化都会非常及时地被全球能源资源市场所捕获，并以价格的形式反映出来。因此，价格可以视为由供需关系变化所导致的资源能源风险的一个综合性的表现指标。对价格进行分析、预测和监控，将能够较为简单、有效地对整个资源能源供应链和消费链进行整体性的监控。此外，除了供需关系的影响，价格本身还会受到全球经济、市场联动、外汇价格等因素的影响，因此价格不仅反馈供给需求因素还可以反馈其他相关因素。承担风险的供需双方是通过价格进行资源能源交易的，因此价格在供需关系影响之外的其他变化也会给资源能源的平稳可靠获取带来相应的风险。因此，我们对价格因素专门构建了监测指标。我们将资源能源的价格因素概括为商品价格、基本供需关系、金融市场影响、地缘政治与突发事件，如表 2.3 所示。

表 2.3　大宗商品价格因素的监测指标

核心影响因素	监测指标
商品价格	所研究商品的价格（期货和现货价格）
	替代性商品的价格
	上下游产业链相关商品的价格
基本供需关系	供需基本面
	库存情况
	需求的短期波动
	供给的短期波动
金融市场影响	市场投机因素
	市场联动
	汇率和利率等
地缘政治与突发事件	地缘政治
	突发事件
	气候变化
	技术发展

值得注意的是，供给、需求、价格三个方面的因素并非完全彼此孤立。尤其是价格和供给、需求之间有着密不可分的联系，决定价格的首要因素就是基本的供需关系。如果不将供需关系纳入价格因素的监控范围当中，那么就无法实现对资源能源价格的安全监测和分析预警。另外，价格作为供需关系和其他诸多因素

的集中反映，是进行资源能源安全监测的一个有力的抓手。基于这种分析，我们
认为对资源能源安全风险的监测首先应该集中在对资源能源等大宗商品价格波动
风险的监测上。

2.2 价格风险相关影响因素的数据来源

2.2.1 传统方法采集的市场数据

为了实现对资源能源等大宗商品价格风险的监测，构建预测预警平台或者大
数据分析平台，我们首先需要探讨 2.1 节提及的这些影响因素及指标，是否有相
应的数据来源支持后续的分析研究。我们对提及指标的数据来源进行了考察，汇
总整理了最可靠的数据来源。

1. 大宗商品的公开数据来源

大宗商品的公开数据来源包括如下几类。

第一，对国际经济增长提供统计和预测的重要国际机构。例如，OECD、国
际货币基金组织（International Monetary Fund，IMF）、世界银行（World Bank）
等。OECD 是由 38 个市场经济国家组成的政府间国际经济组织，成立于 1961 年，
目前成员国总数为 38 个，总部设在巴黎。OECD 的宗旨是促进成员国经济和社会
的发展，推动世界经济增长；帮助成员国政府制定和协调有关政策，以提高各成
员国的生活水准，保持财政的相对稳定；鼓励和协调成员国为援助发展中国家做
出的努力，帮助发展中国家改善经济状况，促进非成员国的经济发展。OECD 通
常会提供对主要经济体的经济增长、国际贸易等宏观指标的统计和预测数据。另
外，OECD 可以提供其成员国的原油价格、原油库存等多方面的数据。IMF 和世
界银行等通常会提供对于全球经济发展的统计报告和预测报告，这些数据有利于
评估大宗商品的需求。

第二，对大宗商品的供给进行控制的垄断联盟。例如，原油市场上对供给有
重要影响的国际机构为石油输出国组织（Organization of Petroleum Exporting
Countries，OPEC）、橡胶市场上的东南亚三国橡胶联盟等。OPEC 于 1960 年 9
月由伊朗、伊拉克、科威特、沙特阿拉伯和委内瑞拉五国联合成立，以维护石油
收入。随着成员国的增加，OPEC 发展成为亚洲、非洲和拉丁美洲一些主要石油
生产国的国际性石油组织。OPEC 总部设在奥地利首都维也纳。现在，OPEC 旨
在通过消除有害的、不必要的价格波动，确保国际石油市场上石油价格的稳定，
保证各成员国在任何情况下都能获得稳定的石油收入，并为石油消费国提供足够、

经济、长期的石油供应。其宗旨是协调和统一各成员国的石油政策，并确定以最适宜的手段来维护它们各自和共同的利益。OPEC 可以提供原油一揽子的价格、燃油税、上下游投资计划、石油供应等多方面的数据。该组织提供的数据是评估原油供给的重要数据来源。橡胶市场上，我们除了需要关注东南亚三国橡胶联盟，还可以关注国际橡胶联盟等行业协会。

第三，对大宗商品数据进行整理发布的各个国家的政府主管部门或行业协会。例如，能源市场上的美国能源信息署（Energy Information Administration，EIA），农产品市场上的美国农业部，橡胶市场上的天然橡胶生产国联合会，铜市场上的各国铜行业协会，等等。以原油为例，原油以美元定价，因此美国的政策对原油有重要影响力。美国能源信息署是监测原油等石油化工类大宗商品最重要并且有效的一个数据来源。美国能源信息署是由国会设立的能源统计机构，创建于1977年，隶属美国能源部，总部设在华盛顿特区。它的宗旨是通过提供有关能源政策的信息及对能源的预测和分析，提升决策理性和市场成效，促进能源与经济、环境之间的协调发展，提升社会公众对能源政策的认知程度。美国能源信息署周期性汇总发布能源的生产、储备、需求、进出口、库存、价格等各个方面的数据，并且提供专业研究报告。大宗商品市场上的各个行业协会，也会对该行业的相关数据进行定期发布，是非常好的了解大宗商品市场的数据来源。

第四，期货交易所。例如，原油期货交易最活跃的美国纽约商业交易所，金属铜交易最活跃的伦敦金属交易所（London Metal Exchange，LME）。各种大宗商品的期货交易所提供各类在该交易所上市的期货产品的市场统计数据，如果我们想了解期货市场交易数据，我们可以从交易所获取。

第五，交易所的相关监管机构。例如，美国的商品期货交易委员会（Commodity Futures Trading Commission，CFTC）。1974年，美国国会组建了商品期货交易委员会，作为一个独立的机构，商品期货交易委员会拥有监管美国商品期货和期权的使命。随着时间的推移，该机构的使命被不断地更新和扩大，最近一次对商品期货交易委员会使命的扩大是在2000年"商品期货现代法案"中体现的。商品期货交易委员会确保期货市场的经济有效性，它所采取的手段包括鼓励市场竞争，保护市场参与者免受欺诈、市场操纵和滥用交易行为的侵害，保证清算过程中的财务真实性。通过有效的监管，商品期货交易委员会能够使得期货市场发挥价格发现和风险转移的功能。商品期货交易委员会的任务是保护市场使用者免受欺诈、操纵和与商品、金融期权期货销售相关的滥用交易行为的侵害，培育开放、竞争和财务健康的期货和期权市场。商品期货交易委员会的交易商持仓（commitments of traders，COT）报告是分析市场交易活动的最重要的数据来源。交易商持仓报告每周发布。报告中的非商业持仓合约数量通常被认为是在大宗商品市场上从事投机活动的基金的持仓。

第六,美联储。美联储提供美国货币政策有关的所有相关数据,是我们分析美元利率和汇率水平的重要数据来源。

第七,我国的主要数据发布机构和国内期货交易所。例如,我国的国家统计局、中国人民银行、商务部、农业农村部,我国的三大商品期货交易所,等等。我国的国家统计局主管全国统计和国民经济核算工作,拟定统计工作法规、统计改革和统计现代化建设规划及国家统计调查计划,组织领导和监督检查各地区、各部门的统计与国民经济核算工作,监督检查统计法律法规的实施。国家统计局开放的、与本书研究相关的主要开放统计数据为采购经理指数(purchasing managers' index,PMI)。国家统计局在 PMI 的统计上数据非常完整,拥有自中华人民共和国成立以来的月度数据及年度数据。

国内数据主要的公开来源包括国家统计局和其他政府部门。国内数据可以达到地级水平,从而可以很好地对国内市场数据进行分析。因此,这就给使用国内的大量数据、由大数据平台对模型进行学习和修正,从而更好地预测国际原油市场行情提供了有效的保障。

2. 我国主要数据库提供商

Wind 资讯是中国领先的金融数据、信息和软件服务企业,总部位于上海陆家嘴金融中心。在国内市场,Wind 资讯的客户包括超过 90%的中国证券公司、基金管理公司、保险公司、银行和投资公司等金融企业;在国际市场,中国证券监督管理委员会批准的合格境外机构投资者(qualified foreign institutional investor,QFII)中 75%的机构是 Wind 资讯的客户。同时国内多数知名的金融学术研究机构和权威的监管机构也是 Wind 资讯的客户,大量中英文媒体、研究报告、学术论文等经常引用 Wind 资讯提供的数据。Wind 资讯可以提供大量的国内外数据,其中,国内数据的收集和统计工作非常翔实。国外数据主要是整合国外政府机构和公司的统计数据。

北京聚源锐思数据科技有限公司(以下简称锐思数据)是一家专门从事金融数据库和相关投资研究软件研发的国家高新技术企业,由众多国内外金融和数据库领域的资深专家在多年研发储备和经验积累的基础上联合成立。公司为高校、政府及金融机构提供精准的经济、金融数据和完备的增值服务。锐思数据的产品质量、产品使用便捷性和服务专业性均在业界名列前茅,是中国一流的金融研究数据提供商。锐思数据总部位于清华大学附近,在上海、南京、武汉、广州、西安、成都、郑州、温哥华等城市设有分支机构,在国内外获得广泛赞誉。

北京大学中国经济研究中心创办于 1994 年 8 月,2004 年当选为“教育部人文社会科学百所重点研究基地”。北京色诺芬信息服务有限公司由北京大学中国经济研究中心诸多知名教授参与发起,不仅致力于为海内外投资者和研究者提供国际化的数据服务,更着眼于创造透明的基准投资信息。在中国经济研究中心林毅夫主任、陈平教授、美国耶鲁大学管理学院陈志武教授的直接指导下，经过两年大规模的研究和建设，中国经济研究中心与北京色诺芬信息服务有限公司于2003 年 3 月正式推出 CCER 中国经济金融数据库。该数据库专门针对金融研究的需要而设计，其数据质量和字段设计可以媲美著名的证券价格研究中心（Center for Research in Security Prices，CRSP）数据库和 Compustat 数据库，同时该数据库完整地考虑了中国证券市场的特殊情况。该数据库拥有功能强大的数据提取功能，其 50 多种证券市场信息产品可以最大限度地满足研究人员和业内人士的各种数据需要。

2.2.2　传统方法采集数据的来源分析

我们对上述提及的各种数据来源进行了详细调研，并且将调研结果整理在表 2.4 中，以了解各个公开数据源和数据库的可供使用数据情况。我们从数据的公开性、完整度、大小、格式、可下载性、类型、内容和价格角度对国内外数据进行了对比。可以看出，国内外数据分别具有各自的优势，可以根据实践中的实际需要，针对性地获取最有效数据并进行预测与预警。

表 2.4　国内外数据来源比较分析

指标	国内数据		国外数据
	政府数据	数据提供商	机构数据
数据量大小	大	巨大	大
数据范围	国内	国内+国外	国外+少量国内
数据公开性	部分公开	公开	公开
数据完整度	完整	不完整	完整
数据格式	部分标准	标准	部分标准
数据下载	可下载	可下载	部分可下载
数据类型	单一	多样	多样
数据内容	纯数据	数据+报告	数据+报告
数据价格	无偿	有偿	大部分无偿

通过调研和汇总整理，我们发现如下关于数据可得性方面的情况。第一，国外数据源相互独立，没有交叉数据源。除了芝加哥商品交易所（Chicago Mercantile Exchange，CME）的天气衍生品的数据不是免费提供之外，其他数据源均为免费提供。第二，国家统计局、其他政府部门和 Wind 数据库之间没有交叉数据源。因此这三个数据源应当同时使用。但是，Wind 数据库是收费数据库。第三，Wind 数据库的优势与成本。Wind 数据库在国内市场的数据统计非常翔实，包括国内原油储量、国内原油产销平衡表、国内原油产量（分地区和行业）等。如果可以从

其他政府部门获得相关数据，那么 Wind 数据库在国内数据源方面的优势只有数据源收集更加方便。同时，Wind 数据库也包含大量国际数据，包括美国能源信息署、OPEC 的周报，也会将报告中的相关数据提出并进行整理。其中美国能源信息署周报在其官网是有偿提供的。但是，Wind 数据库没有对这些数据做到实时更新，另外历史数据统计不全面。比如，WTI 原油期货价格阅读数据，在国际能源署网站上的数据起始时间为 1986 年 1 月，而 Wind 数据库起始时间为 2000 年 1 月。加之 Wind 数据库是收费数据库，因此需要综合考虑 Wind 数据库的性价比、数据量、需求度等多方面的因素以决定是否使用这一数据库。

2.2.3　利用大数据分析方法提取和挖掘得到的数据

在对大宗商品价格波动风险的影响因素分析中，除了供需关系、库存、利率和汇率等监测指标可以通过结构化好的市场数据得到之外，很多监测指标如市场投机活动、市场联动、地缘政治、突发事件等都是不易直接获取的，因为这些监测指标需要进行刻画和度量。此外，如地缘政治和突发事件这类指标可以由工作人员来进行判断，从而划分等级并给予人为评分；但是人工进行评价很难保证时效性，不完全满足监测预警系统进行实时监测的需要。大数据分析方法对于非结构化数据的监测和预测都有着良好的效果，因为大数据分析方法可以快速地识别文本信息中的关键信息，并进行信息的整理。因此，大数据分析方法很好地弥补了市场数据的空白,使得价格波动风险相关影响因素的数据来源更加全面而准确。我们在本节中介绍一些常用的数据采集方法和数据采集的来源。

互联网数据的获取方式主要利用网络爬虫软件。使用网络爬虫软件可以对开放的网络数据进行抓取。网络爬虫软件是一个自动提取网页的程序，它为搜索引擎从万维网上下载网页，是搜索引擎的重要组成。传统爬虫软件从一个或若干初始网页的统一资源定位符（uniform resource locator，URL）开始，获得初始网页上的 URL，在抓取网页的过程中，不断从当前页面上抽取新的 URL 放入队列，直到满足系统的一定停止条件。网络爬虫软件对于网络的页面的搜索方式包括广度优先搜索、深度优先搜索和最佳优先搜索等。网络爬虫软件已经成为互联网搜索引擎的重要组成部分。目前商用的网络爬虫软件非常容易获取，而且市场上存在很多网络爬虫软件公司。使用网络爬虫软件进行互联网数据收集的优势在于成本低、定制方式灵活、可控性好等，其劣势在于能够获取的数据一方面取决于爬虫策略的设计和软件本身的性能，另一方面受限于网络数据的开放程度。对于一些并没有在互联网上进行公开的数据，如电商平台的交易数据等，使用网络爬虫软件无法获得。

互联网数据另外一种重要的获取方式是通过和一些互联网公司合作来获取。这种获取方式的优势在于可以获得非常全面的网络全量数据。从严格意义上说，只有通过这种方式获得数据才具有大数据的全面特性，而网络爬虫软件获得的网络数据只有在积累到一定规模之后才能称为大数据。使用互联网公司内部数据的缺陷在于数据使用的业务协调成本较高。互联网公司中的各个部门在服务定位上通常为内向型服务，即只关心公司内部制定的关键绩效指标（key performance indicator，KPI）考核体系所规定的工作内容（如点击率、安装率、转化率等），对于无法列入 KPI 的社会服务和政府部门所关心的国家战略需求关心较少，因此在得不到相应管理层强有力的协调干预的情况下，很难获得互联网公司的有效配合。但是，一旦获得了互联网公司实质性的合作支持，那么除了可以得到必要的数据接入之外，还极有可能获得低成本甚至是技术服务支持。相对地，互联网公司掌握了非常全面的客户数据，里面必然会涉及大量的用户隐私，因此互联网公司出于社会责任和自身安全的考虑，对于数据的对外共享也始终都是非常谨慎的（尽管在公司内部对于这些数据的使用是非常充分的），这也进一步增加了数据的协调难度。

目前，根据公司的类型，互联网公司的数据大体上可以分为三种，即搜索引擎数据、电商平台数据及社交媒体数据。

（1）搜索引擎数据。网络爬虫软件是搜索引擎收集数据的基本方式，因此搜索引擎数据本质上可以看作一个比较全面的网络爬虫数据集。北京百度网讯科技有限公司（以下简称百度）是搜索引擎领域国内最具代表性的公司，针对大数据的使用，百度在百度研究院成立了大数据实验室，还有深度学习实验室和人工智能实验室两个相关的企业研究机构，这三个实验室并称百度研究院三大实验室。百度除了具有搜索引擎中收集到的海量互联网数据之外，还具有基于百度云平台、基于位置服务（location based services，LBS）平台的用户地理位置数据。搜索引擎数据在资源能源安全领域最重要的应用是可以密切追踪与目标品种价格等因素关系较为密切的关键词搜索信息，使用这些关键词的搜索量与出现量能够对一些相关指标进行趋势先行预测。目前，百度大数据实验室使用百度收集的全量预测数据开发了一系列预测应用。例如，①经济指数预测，用于监控中小企业景气状态，预测国家宏观经济走势；②景点预测，提供全国 5A 级景区未来两日人流及舒适度预测，为短期旅游出行提供参考；③疾病预测，预测流行病的城市发病情况，分析医疗机构的受关注程度；④赛事预测，预测欧洲五大联赛和世界杯各场比赛的结果；⑤高考预测，预测大学报考的难度、专业报考难度及作文命题可能的关键词；⑥电影票房预测，预测电影票房和观影人数等。

（2）电商平台数据。电商平台数据包括各个主要行业的在线交易数据和询盘数据，这两种数据对于相关领域的指数预测都有非常大的帮助。此外，一些电商平台本身还具有支付平台的功能，这种支付平台收集到的数据可以对宏观经济趋势和个体经济状况做出较为准确的描述，也可以用作资源能源安全预测的输入变量。目前国内代表性的电商平台有淘宝和京东两家，这两家公司在数据开放上都做了一定的工作。例如，阿里巴巴集团的天池大数据科研平台，其服务对象是学术界的科研机构。阿里巴巴集团希望和学术界展开更紧密的合作研究，更好地发掘大数据的价值。针对当前学术界面临的两个问题，一是缺少有价值的、真实的商业数据；二是缺少具有强大功能的计算平台支持复杂的数据处理。阿里巴巴集团于 2014 年正式推出开放数据处理服务（open data processing service，ODPS），它是基于飞天分布式平台的由阿里云自主研发的海量数据离线处理服务。天池大数据科研平台基于阿里巴巴集团的海量数据离线处理服务 ODPS，向学术界提供科研数据和开放数据处理服务。天池大数据科研平台目前向用户开放的活动主要有三类：开放式数据研究、课题合作、竞赛活动；同时天池大数据科研平台开放三类科研数据集，包括用户购买成交记录、商品购买评论记录、商品浏览日志记录等，所有数据均只能在天池大数据科研平台中使用。除此之外，京东万象平台和宙斯平台也提供数据服务。与天池大数据科研平台的性质不同，京东万象平台则是一个第三方数据交易平台。万象平台本身不使用任何数据，而是主要帮助数据提供方、数据需求方进行数据对接，帮助企业解决数据孤岛的问题，从而提升企业运营效率。平台本身会对接多维度的丰富数据，保证数据的安全性与接入效率，是企业数据输出与流入的最佳渠道。与此同时，万象平台还提供企业与企业之间的数据互联服务，解决客户内部资源多系统之间的整合问题。目前万象覆盖的数据包括个人和企业征信报告、黑名单数据、失信数据等。另外，宙斯平台也提供数据开放功能。宙斯平台提供数据开放服务，将商家关心的数据开放给独立软件开发商及商家。独立软件开发商和京东商家可以利用这些服务，搭建最适用于商家店铺的数据分析平台，通过数据分析，及时了解店铺销量上升及下降的原因，从而调配资源，实现店铺效益最大化。宙斯平台现已开放经营数据、销售数据、流量数据，后面会继续开放广告数据、客户数据、营销数据及店铺日志数据。

（3）社交媒体数据。社交媒体数据包括微博等开放社交媒体数据和微信、QQ 等私密社交媒体数据。由于涉及个人隐私等问题，通常情况下私密社交媒体数据是完全不对外开放的，即便在互联网公司内部，有关用户私密社交内容（如聊天记录等）也是不允许被访问和使用的。对于开放社交媒体数据，社交媒体公司都会开放相应的数据获取应用程序接口（application programming interface，API），用户可以使用这些 API 直接访问和抓取社交媒体数据。不过通常情况下这种通过 API 的数据获取方式是根据用户权限的不同而受到一定限制的，如权限较低的用户在单位时间内只能进行极其有限的访问次数，每次只能抓取固定数量的数据等。社交媒体数据最为广泛的应用即对舆情的监控。通过对社交媒体数据的自然语言处理，可以获得目前网络环境当中社会舆论比较关注的话题及对于某一些关键词人们在情感上正面或负面的反应。使用这些舆情数据可以把握一个地区群体的思维倾向与社会动态,以及掌握人们对于市场的预期判断和信心指数等。

除了通过和互联网公司合作获取网络数据之外,网络运营商也是获得网络数据的一条渠道。目前移动网络和宽带网络均由移动、联通和电信三家运营商控制,换言之上述介绍所提到的各类互联网数据都必须经过三大运营商的网络服务器的传输才能够完成用户和网络服务商之间的数据交换,因此三大运营商有能力获取互联网上的几乎全量数据。目前,三大运营商内部也都成立了相关的大数据事业部,并且建立了相关的数据服务平台。例如,中国移动在各个省级分公司建立了数据收集与交换平台,能够将全省的网络数据汇集起来;中国联通则在亦庄建立了全国范围的数据收集与交换平台,实现了全国数据的交换共享;中国电信则成立了专门的大数据分公司,专门研究运营商数据的应用与变现。此外,国家互联网应急中心也几乎掌握了五大微博为主的社交媒体全量数据。同这些专业管理机构合作可以以相对较低的协调成本获得多家互联网公司的集成数据。

通过上述对互联网大数据获取渠道的介绍可以看出,通过网络爬虫软件及与互联网企业合作相结合的方式,就可以从网络中快速获取地缘政治与突发事件信息,以及各大公司报告中的关键信息。不过正如本节最开始所提到的,目前互联网数据在内容上整体偏向用户端,这就使得其所收集到的信息比较偏向零售、消费、个人信贷等产业终端领域。对于大宗海外进出口、大型企业的产品库存等数据,依然需要重点依赖传统的统计数据或是其他渠道进行数据收集。因此,互联网大数据只能用作资源能源安全预警预测领域偏向终端消费和公共舆情领域的一个方面的数据输入。

第3章 考虑投机活动和库存信息冲击的国际原油期货价格短期波动研究

3.1 引 言

20世纪90年代以来，期货市场在国际原油定价中的作用越来越重要，在美国纽约商业交易所交易的 WTI 原油期货价格和在伦敦的国际石油交易所交易的布伦特原油期货价格均成为石油国际贸易的重要参考价格。影响原油期货价格的因素会通过期货市场传向现货市场，并最终影响国际市场的原油现货价格。许多理论涉及对价格决定的探讨。从经济学理论我们可知，决定商品价格的重要因素是供给和需求的相互关系，然而由于期货市场自身的特点及它在国际原油定价中的重要作用，除了供需关系，仍存在很多其他因素影响着原油价格走势和波动。特别是当商品尤其是原油成为相对于传统投资工具的备选投资工具时，原油市场的投资和投机活动均较以前大大增长，这可能使得期货市场的定价机制发生些许变化。一个可能的结果就是，原油期货的价格和波动特性对市场信息更为敏感。除了基本面信息，可能会存在其他因素能影响价格的短期波动。因此，研究原油期货价格形成过程中基本面信息的作用及其与其他相关因素的相互作用，对理解短期原油价格行为非常重要。本章尝试探讨这个问题。

学术界对价格波动有大量的研究，这是因为波动性对衍生品定价、套保策略、生产与消费的决策、风险管理等都十分重要。一些研究发现原油价格的变化和波动对经济活动具有显著影响（Lee et al., 1995；Jones et al., 2004；Cologni and Manera, 2008）。有关可储存商品价格理论的研究表明对能源的供给和需求的冲击可以导致价格水平的改变或使期货和现货价格均围绕均值震荡（Deaton and Laroque, 1996；Chambers and Bailey, 1996；Routledge et al., 2000）。除了理论研究外，许多研究经常围绕在对波动性建模和预测，对事件的影响分析，以及对各种商品价格关系的研究上。Sadorsky（2006）对石油期货价格的波动性建立了各种模型，并提供了对于石油期货价格日度收益率波动的预测。他的研究发现，TGARCH 模型适用于对取暖油和天然气价格的波动研究，而 GARCH 模型适用于对原油和无铅汽油价格的波动性研究。Routledge 等（2000）提供了不同期限的远期价格波动性的预测模型，研究显示波动性中存在萨缪尔森效应。Pindyck（2004）检验了价格波动中是否存在显著的趋势，以及"安然事件"是否增大了天然气和原油市场的波动性。他的研究发现，尽管天然气市场中时间趋势对波动有显著的正向影响，但这些影响很小以至于没有任何经济上的重要性；而"安然事件"对于天然气的价格波动没有显著影响。另外，许多研究都涉及宏观经济信息对金融市场波动性的研究（Andersen et al.，2003；Linn and Zhu，2004；Kalev et al.，2004）。Linn 和 Zhu（2004）利用日内的交易数据研究发现，库存信息的发布对波动性的影响会在 30 分钟之内消失，换言之，价格会在库存报告发布后 30 分钟的交易过程中建立新的均衡。Kalev 等（2004）利用澳大利亚股票交易所的高频数据研究了信息流和波动性之间的关系。Mu（2007）利用美国的天然气期货研究了天气冲击对于价格动态的影响，该研究结果表明，天气对于天然气收益率的水平和波动性都有显著的影响。该研究也支持在星期一和美国天然气库存报告发布日天然气价格波动性更高的结论。

我们经常看到各种评论文章讨论诸如投机活动和信息发布对原油价格及其波动的影响，但是提供数量化的分析并度量这些因素影响程度的研究很少。例如，尽管在学术界有很多对于投资基金活动的探讨（Buchanan et al.，2001；Hartzmark，1991；Leuthold et al.，1994；Sanders et al.，2004），但大多集中在讨论期货市场上投机的水平和充足程度、资金的流动，以及交易商的预测能力等方面，将期货市场的投机因素纳入原油的价格动态和波动性研究中的文献很少。相对地，大量的新闻评论越来越关注基金的作用，认为能源市场上正是基金的投机活动推高了近期的原油价格并增大了其波动性。再如，我们之前推断能源市场投机活动增加的一个可能结果就是期货价格对市场信息尤其是对影响基本面的信息会更加敏感。根据市场有效性的理论，市场价格应包含投资者的预期，因此市场预期将是价格的重要决定因素；而且如果金融市场是信息有效的，当新的信息进入市场，价格会迅速变化以反映该信息。那么，如果某些信息显示市场预期出现偏差，市场价格应立即变动以反映这种变化。但是，对预期冲击的影响进行度量的研究数量目前还很有限。尽管 Mu（2007）提出基本面信息特别是库存信息是天然气价格波动的重要决定因素，但是该研究使用一种间接的方法来度量市场预期。本章将会关注库存信息发布的影响，并且使用一个新的指标来度量原油库存的市场预期，以此来研究信息冲击的影响效果。

本章在考虑了投机活动和库存信息冲击因素的情况下，研究国际原油期货价格的短期波动，并探讨这些因素及其他价格决定因素对原油价格及其波动的影响。

本章提出一个新的指标来研究库存信息冲击，并利用模型来分析和度量不同因素的影响程度。

3.2　实证方法和模型

3.2.1　数据和初步分析

本章以美国纽约商业交易所的 WTI 原油期货为研究对象，并利用近月合约的日度收盘价格作为该期货的价格序列，原油期货价格数据来源于美国能源信息署。通过观察原油期货价格的历史走势，我们发现最近一次的价格低点出现在 1999 年的 1 月，这是由于伊拉克石油增产及亚洲金融危机的爆发降低了需求。1999 年之后原油价格开始快速攀升，到 2000 年 9 月价格早已翻倍，此后价格逐步回落，直到 2001 年底。从 2002 年开始原油价格再次上涨，并于 2007 年冲破 90 美元/桶，于 2008 年突破 100 美元/桶，曾达到 145.29 美元/桶的高价位。此后，由于国际金融危机的影响，原油价格开始下跌。

为了研究原油价格的短期影响因素及波动性，我们期望建立基于日度数据的模型。我们选取了从 2006 年 5 月 2 日到 2009 年 5 月 5 日的数据，共 756 个样本点。样本的开始时间受限于某些数据的可得性，如由路透社发布的反映市场预期的美国原油库存的预测报告。我们的样本不仅包含价格上涨阶段的数据，也包含从 2008 年 7 月之后价格开始下跌阶段的数据。由于价格上涨和下跌阶段的原油价格波动机制可能不同，为了识别这种差异性，我们定义一个虚拟变量来区分上涨趋势和下跌趋势：2008 年 7 月 3 日以后的下跌阶段，DUM=1；反之，DUM=0。这次的原油价格下跌主要是金融危机的影响，因此该虚拟变量也在一定程度上解释了这次金融危机对原油价格的影响程度。

收益率的定义为原油期货日度对数价格的变化，即 $R_t = \ln(P_t / P_{t-1})$。通过增广迪基－富勒（augmented Dickey-Fuller，ADF）检验我们发现，原油价格收益率序列是平稳序列。图 3.1 为 WTI 原油期货近月合约的价格和收益率序列。表 3.1 提供了不同时间段原油期货价格和收益率的描述统计量。对比这些数据，我们发现 2002~2008 年原油价格的波动在逐渐增加，因此我们研究的样本期正是价格波动较高的阶段。我们检验了收益率是否服从正态分布。Jarque-Bera 统计量的 p 值（概率值）说明统计检验拒绝了样本收益率序列服从正态分布的假设，即收益率存在一定的厚尾性。从图 3.1 我们可以看出一些波动聚集的现象。为了验证是否存在波动聚集，我们对样本进行了一些统计检验。如表 3.2 和图 3.2 所示，样本的日度收益率的自相关系数显示序列没有明显的自相关性，但收益率平方序列的自相关系数却表明日度收益率序列不是独立的。表 3.2 提供了自相关系数的 Ljung-Box 统计量（Q 统计量），检验结果显示序列存在条件异方差性。因此条件异方差模型可以用来拟合这些数据。

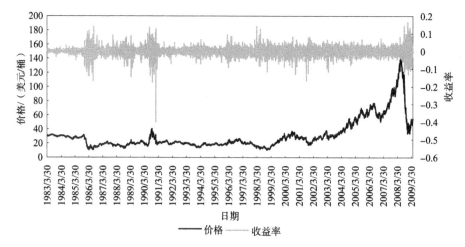

图 3.1　WTI 原油期货近月合约的价格和收益率序列

表 3.1　**WTI 原油期货近月合约的价格和收益率序列的描述统计**

统计量	1986/1/2~1995/12/29		1996/1/2~2001/12/31		2002/1/2~2007/11/27		2006/5/2~2009/5/5	
	价格	收益率	价格	收益率	价格	收益率	价格	收益率
均值	19.042 4	−0.000 1	22.653 6	0.000 3	52.870 8	0.000 9	77.271 6	−0.000 4
最小值	10.420 0	−0.400 5	10.720 0	−0.165 4	25.240 0	−0.115 4	33.870 0	−0.130 7
最大值	40.420 0	0.140 3	37.200 0	0.142 3	98.180 0	0.073 7	145.290 0	0.164 1
标准差	3.706 4	0.025 9	5.690 8	0.024 9	16.398 1	0.021 2	25.531 9	0.031 4
峰度	10.241 3	31.673 5	2.237 4	6.533 8	2.257 7	4.190 4	2.761 1	6.975 6
偏度	1.861 2	−1.811 0	−0.025 2	−0.249 7	0.152 7	−0.272 8	0.716 2	0.221 8
观测值个数	2512	2508	1751	1750	1227	1226	756	755
Jarque-Bera 统计量	6 938.70	87 287.63	42.61	928.78	32.94	87.60	66.43	503.40
p 值	0.000	0.000	0.000	0.000	0.000	0.000	0.000	0.000

表 3.2　收益率和收益率平方序列的 Q 统计量

滞后阶	收益率				收益率平方			
	AC	PAC	Q 统计量	p 值	AC	PAC	Q 统计量	p 值
1	−0.071	−0.071	3.801	0.051	0.215	0.215	34.926	0.000
2	−0.082	−0.088	8.923	0.012	0.265	0.229	88.064	0.000
3	0.099	0.087	16.328	0.001	0.236	0.158	130.410	0.000
4	0.010	0.016	16.398	0.003	0.325	0.234	210.690	0.000
5	−0.101	−0.086	24.236	0.000	0.217	0.079	246.490	0.000
6	−0.016	−0.037	24.438	0.000	0.258	0.109	297.280	0.000
7	0.002	−0.018	24.441	0.001	0.222	0.066	335.060	0.000
8	−0.026	−0.015	24.975	0.002	0.205	0.025	367.370	0.000
9	−0.015	−0.013	25.158	0.003	0.228	0.073	407.150	0.000
10	0.003	−0.009	25.167	0.005	0.270	0.113	462.890	0.000
11	0.013	0.009	25.294	0.008	0.149	−0.037	479.870	0.000
12	0.095	0.100	32.256	0.001	0.171	−0.005	502.360	0.000

注：AC 是自相关系数，PAC 是偏自相关系数，Q 统计量是自相关系数的 Ljung-Box 统计量，它服从于卡方分布

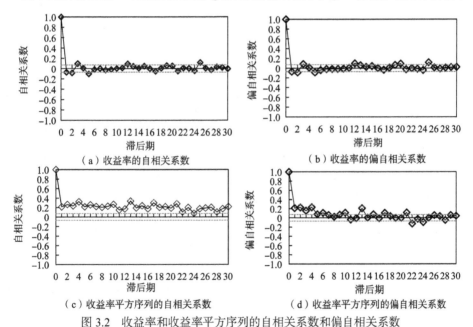

（a）收益率的自相关系数　　　（b）收益率的偏自相关系数

（c）收益率平方序列的自相关系数　　　（d）收益率平方序列的偏自相关系数

图 3.2　收益率和收益率平方序列的自相关系数和偏自相关系数

图中虚线表示相关系数的 2 倍标准差范围

3.2.2　带外生变量的 GARCH 模型

从前面的分析，我们可以判断原油期货收益率存在条件异方差特性。正如

Sadorsky（2006）所指出的，GARCH 模型适合拟合原油价格波动性。Bollerslev（1986）提出了 GARCH 模型，而 GARCH（1,1）模型在对金融资产收益率序列建模上有广泛的应用。GARCH（1,1）模型如式（3.1）所示。

$$R_t = \mu + \varepsilon_t, \qquad \varepsilon_t | \Omega_{-1} \sim N\left(0, \sigma_t^2\right) \tag{3.1}$$
$$\sigma_t^2 = \omega + \alpha_1 \varepsilon_{t-1}^2 + \beta_1 \sigma_{t-1}^2$$

其中，R_t 表示在时间 t 内的收益率；μ 表示常数项；ε_t 表示收益率的误差项（新息），它的均值为零；Ω_{-1} 表示 $t-1$ 时刻的信息集；σ_t^2 表示 ε_t 的条件方差。模型的系数 α_1 和 β_1 分别反映了当前的波动性对于之前的新息和波动性水平的依赖程度，而 $\alpha_1 + \beta_1$ 反映了波动的持续性。

本节建模时除了要刻画原油期货收益率的波动聚集外，还试图探讨我们在引言中提到的几个问题。为了达到这样的目的，我们使用带外生变量的 GARCH 模型。我们假设短期内基本的供给和需求都不变，而基本面信息通过其他市场变量来传递。我们所考虑的外生变量包括非商业交易商持仓、库存信息冲击、汇率、利率、股票市场收益率等。我们将在下一节讨论这些影响因素如何度量。对于不同的研究问题，我们将会选择不同的外生变量进入模型。通过比较含有不同外生变量模型的估计结果，我们可以确认这些因素是如何影响原油期货的价格和波动性的。

为了确保 GARCH 模型设定正确，在建模之前，我们会分析样本数据的各种统计量。通过这样的检验，我们可以判断 GARCH 模型是否合适。例如，我们首先使用 ADF 单位根来检验数据是否平稳。其次，研究收益率序列和收益率平方序列的自相关系数和 Q 统计量来判断是否存在波动聚集效应。最后，我们检验收益率方程的残差 ε_t 的 Q 统计量，来判断是否存在条件异方差。如果条件异方差存在，那么我们就使用 GARCH 模型。我们会研究数据尤其是收益率方程的残差 ε_t 的分布情况，利用 Jarque-Bera 统计量检验其是否服从正态分布，如果服从正态分布，那么我们将采用如式（3.2）所示的 GARCH 模型：

$$R_t = \mu + \sum c_i F_i + \varepsilon_t, \quad \varepsilon_t | \Omega_{-1} \sim N\left(0, \sigma_t^2\right) \tag{3.2}$$
$$\sigma_t^2 = \omega + \sum \alpha_i \varepsilon_{t-i}^2 + \sum \beta_j \sigma_{t-j}^2 + \sum \theta_k F_k$$

其中，F_i 和 F_k 表示外生解释变量；c_i 和 θ_k 表示外生变量的系数。如果残差 ε_t 不服从正态分布，那么在 GARCH 模型中我们将采用 t 分布来刻画新息，采用的模型如式（3.3）所示：

$$R_t = \mu + \sum c_k F_k + \varepsilon_t, \quad \varepsilon_t | \Omega_{-1} \sim \text{Student-}t\,(n) \tag{3.3}$$
$$\sigma_t^2 = \omega + \sum \alpha_i \varepsilon_{t-i}^2 + \sum \beta_j \sigma_{t-j}^2 + \sum \theta_k F_k$$

GARCH 模型利用极大似然法来进行参数估计，其中 ARCH 项和 GARCH 项阶数的选择通过最小化赤池信息准则（Akaike information criterion，AIC）来确定。在 GARCH 模型建立并进行估计后，我们对模型的系数、残差、拟合优度等都会进行相应的统计检验。此过程我们将在模型估计部分进行详细讨论。

3.3　影响因素的设定和度量

3.3.1　基金的投机活动

我们将讨论如何度量能源期货市场上投资基金的投机活动。在石油价格的大幅上涨中，国际资本市场资金的流入和炒作被认为是一个重要因素，WTI 原油期货的总持仓从 2002 年初的约 44 万手，已经大幅上涨到 2007 年平均约 147 万手的水平。巨额的资金流入石油期货市场，往往对石油价格产生较大影响，而基金的投机活动对短期油价波动也起到了推波助澜的作用。跟踪基金的活动存在一定困难，因此研究基金对油价波动的影响也具有一定的难度。但幸运的是，美国的商品期货交易委员会收集整理了所有期货合约的持仓构成数据，并对外公布交易商持仓报告。基金持仓是反映基金交易行为的重要指标，商品期货交易委员会发布的交易商持仓报告是市场交易商和分析人士进行市场分析的重要依据，尤其是非商业持仓数据，被普遍认为是跟踪基金交易动向的重要信息来源。在交易商持仓报告中，持仓由可报告持仓和非报告持仓组成。交易头寸超过商品期货交易委员会持仓限制的是可报告持仓，它可以进一步分为商业持仓和非商业持仓。其中，商业持仓被普遍认为是以生产商、贸易商和消费商为主的套期保值商的持仓；而非商业持仓指投机性持仓，主要来自管理期货或一些商品基金。因此，非商业持仓常常称为基金持仓。非报告持仓一般指较小的交易商持仓。

学术界已有很多研究探讨交易商的持仓头寸和期货价格之间的关系，但是这些研究通常着眼于交易商的预测能力，并且大多利用 Granger（格兰杰）因果关系检验来分析这个问题。在我们的研究中，我们利用交易商持仓报告中的非商业持仓的数据，采用持仓的净多比例（记为 PNL）来度量非商业持仓的净多头寸。持仓的净多比例定义为某类交易商的多头和空头的差除以总持仓，因此非商业持仓净多比例（记为 NPNL）如式（3.4）所示：

$$\text{NPNL}_t = \frac{\text{NCL}_t - \text{NCS}_t}{\text{NCL}_t + \text{NCS}_t + 2 \times \text{NCSP}_t} \tag{3.4}$$

其中，NCL、NCS、NCSP 分别表示非商业多头、空头和套利头寸；t 表示时间。de Roon 等（2000）计算了商业持仓的 PNL 指标，并将它称为对冲压力。Sanders 等（2004）用这个指标研究了能源期货市场交易商头寸与价格之间的关系。这里，我们沿用这些文献提到的非商业持仓净多比例指标来描述和度量基金的投机活动。

利用因果检验方法，我们使用周度数据研究了非商业持仓净多比例与原油收益率之间的关系。研究结果发现，存在从收益率到非商业持仓的单向 Granger 因果关系，但是二者之间存在双向的瞬时 Granger 因果关系，并且收益率和非商业持仓净多头寸之间的相关系数为正。这些结果告诉我们，尽管交易商的净多头寸并不引导市场收益率，但是在原油期货市场中它确实对价格和收益率存在短期影响。Wen 等（2008）利用该指标做油价的预测，得到了很好的预测效果。这正是我们要引入这个因素的原因。

3.3.2 库存信息冲击

接下来，我们将讨论另外一个非常重要的影响因素——库存。鉴于原油的工业需求和全球的供给能力短期内均不会有较大变化，Ye 等（2005）的研究指出短期内美国原油市场的需求弹性很小，而供给弹性也接近于零，因此库存代表了短期内的供给条件，并且反映了短期内市场基本面变化对原油价格的压力与影响。Pindyck（1994）的研究揭示商品的价格与库存水平负相关。库存是供给和需求之间的一个缓冲，对稳定油价有积极作用，低油价时增加石油库存，会推动石油价格上涨；高油价时抛出石油库存，会引起价格下跌。由于美国占有 40%左右的石油库存，美国经济发展状况对世界经济起着举足轻重的作用，且美国既是石油生产大国又是石油消费大国，所以美国石油协会（American Petroleum Institute）和美国能源信息署每周公布的石油库存与需求数据已经成为许多石油交易商用以判断短期国际石油市场供需状况及进行实际操作的依据。现在，库存对油价的影响越来越明显，尤其是当库存变化与市场预期不符时，会引起石油或油品期货的大幅波动。正如我们在前面所说的，当真实信息发布时，如果真实数据较之前的市场预期有较大偏差，那么价格必然会波动以反映最新的信息。

美国能源信息署每周三公布美国原油和石油产品的库存报告，这份报告发布截至上一个周五的总库存水平。在美国能源信息署报告发布之前，路透社每周对原油和石油产品的库存变化进行市场调查，并提供市场预测值，这份调查结果会以新闻的形式于周一或周二发布。路透社的调查值是通过对能源市场的参与者、交易商、分析师等进行广泛调查得到，而路透社发布的库存调查报告是这些分析师的预测中值。路透社的库存调查报告被机构和传媒广泛采用，能反映市场的普遍预期。因此，我们利用路透社调查提供的市场预测值来代表市场对于库存变化的预期。我们对路透社调查的预测值的分析表明，路透社对原油和汽油的库存变化预测值是实际库存变化值的无偏估计。

当库存的实际变化信息发布后，市场预期和实际值之间可能会存在较大差异，这种差异会对市场价格波动产生剧烈影响。价格变动以反映市场上新的信息。我们采用库存预期偏差（记为 INVERR）来反映新息对市场预期的冲击，该指标被定义为美国能源信息署的库存报告公布的库存变化实际值减去路透社

调查公布的市场预测值，即

$$INVERR_t = \Delta Inventory_{t-1} - E(\Delta Inventory_{t-1}) \quad\quad (3.5)$$

其中，$INVERR_t$ 表示第 t 周库存预期偏差。其实，将式（3.5）变形后，也就意味着原油的实际库存变化可以被分解为两部分，一部分是市场预期到的库存变化，另一部分是市场的预期偏差，这两部分分别代表市场预期到的和未预期到的库存变化。我们将这两部分都纳入模型中，以讨论库存信息对市场的影响。此外，为了研究信息的发布效应，我们引入一个虚拟变量——EIADAY，来反映美国能源信息署发布库存报告的日期效应，即如果该日美国能源信息署发布库存报告，则

EIADAY=1

否则

EIADAY=0

同时我们假定在一份库存报告发布后到下一份库存报告发布之前库存变化这个变量的值保持不变。这个假定同样适用于上面讨论的基金投机因素——非商业持仓净多比例 NPNL。为方便下文的标记说明，将实际库存变化记为 DINV，将库存预期变化记为 EINV，将库存未预期变化即库存预期偏差记为 INVERR。

库存反映了短期供给条件，而价格与库存水平负相关。所以当市场对库存水平形成某种预期，价格包含了这种预期；当阶段性库存信息的发布对市场预期产生了冲击，即发现市场预期有偏差，那么收益率水平将波动以反映市场的惊讶程度。因此，库存信息对市场预期的冲击应与收益率负相关，即当原油和其他石油产品的实际库存水平高于（低于）预期时，表示供给状况比预期的宽松（紧张），这会对价格产生压力（支撑）。

3.3.3　其他因素

在模型中我们也引入了其他文献中经常采用的油价影响因素，如美元汇率、美元利率、美国股票市场收益率等。在国际贸易中，原油以美元定价，美元汇率的波动必然会对油价的波动产生一定影响。有人研究了 1986~2004 年布伦特原油期货价格，研究结果表明布伦特原油期货价格变动和美元与国际主要货币之间的汇率变动存在弱相关关系。从过去几年国际市场石油价格变化看，美元贬值是导致高油价的重要因素之一。我们利用美元对主要货币的日度指数（记为 DTWEXM）来反映美元价值的变化，如果美元指数下跌，则说明美元对其他主要货币贬值。该指数是美元对主要货币汇率的加权平均指数，这些货币包括欧元、加拿大元、日元、英镑、瑞士法郎、澳元、瑞典克朗。该数据来源于美国联邦储备管理系统。我们看到，截至 2007 年 11 月底美元指数为 73.07 点，较 2007 年初的 81.09 点下跌 9.89%，而较 2002 年初的 110.04 点下跌达到 33.6%。为考虑金融市场的交互影响，我们考虑的指标为利率和股票市场收益率。其中，利率我们采

用美元 3 个月期国库券利率（TB3），该数据来源于美联储官方网站；对于股票市场收益率我们选用了美国股市 S&P500 指数的收益率（记为 R_SP500），收益率的计算采用对数收益率，即 $R_t = \ln(P_t / P_{t-1})$。

3.4　实证分析和模型估计结果

3.4.1　模型估计

为了探讨投机活动和库存信息冲击等因素对原油期货价格短期波动的影响，我们采用带外生变量的 GARCH 模型进行分析。外生变量包括 3.3 节提到的一些因素，除了文献中经常使用的因素外，我们在模型中加入了非商业持仓和库存信息冲击，通过引入新的因素，我们也可以改进原有模型对原油价格波动的解释力。为了区别上涨趋势与下跌趋势的不同，我们在模型中引入虚拟变量 DUM。

为了讨论非商业持仓是否导致了价格更大程度的波动，我们将这个因素引入 GARCH 模型的均值方程和条件方差方程中。为了探讨原油期货价格是对库存更敏感，还是只对市场未预期到的库存信息即库存信息冲击更敏感，我们首先将实际库存变化 DINV 放入模型，该模型如表 3.3 的（1）列所示；其次，我们将库存变化的两部分——库存预期变化（EINV）和库存未预期变化即库存预期偏差（INVERR），分别放入模型，该模型如表 3.3 的（2）列所示。通过比较这两个模型的结果，我们可以看到，实际上只有库存未预期变化才是真正影响油价波动的因素。这说明我们应该使用库存信息冲击来研究原油价格的短期波动。因此，我们选择采用库存预期偏差 INVERR 进入模型，如表 3.1 的（3）列所示。为了检验原油期货收益率是否为对风险的补偿，我们在均值方程中引入条件方差或者条件标准差，如表 3.3 的（4）列~（6）列所示。为了检验投机活动和库存信息两个因素对价格波动的影响，我们也将这两个因素分别引入 GARCH 模型的条件方差方程中，模型如表 3.3 的（5）列和（6）列所示。

为了对模型进行稳健性检验，我们对比了包含不同解释变量的模型估计结果。每个样本模型设定过程和估计方法如 3.2 节所述。如果我们只估计均值的单方程模型，我们发现模型残差平方的 Q 统计量在滞后 1 阶以后是显著的，这说明残差中存在 ARCH 效应，而残差的 Jarque-Bera 统计量拒绝假设，说明残差服从正态分布。因此，我们选择新息为 t 分布的 GARCH 模型来拟合样本数据。概括来讲，我们对模型的设定如式（3.6）所示。

$$R_t = c_0 + \varphi_1 \, \text{AR}(1) + c_1 D(\text{NPNL}_t) + c_2 D(\text{DTWEXM}_t) + c_3 \, \text{INVERR}_t$$
$$+ c_4 \, \text{INVERR}_t \times \text{EIADAY} + c_5 \, \text{TB3}_t + c_6 \, \text{R\_SP500}_t + c_7 \sigma_t + c_8 \, \text{DUM} + \varepsilon_t$$

（3.6）

表 3.3　GARCH 模型估计结果

均值方程	(1)	(2)	(3)	(4)	(5)	(6)
c_0	0.005 414 (2.43)**	0.005 321 (2.27)**	0.005 555 (2.47)**	0.002 037 (0.46)	0.003 091 (0.72)	0.001 884 (0.42)
AR(1)	-0.107 073 (-2.66)***	-0.107 984 (-2.67)***	-0.107 360 (-2.67)***	-0.107 610 (-2.65)***	-0.104 180 (-2.56)**	-0.107 130 (-2.65)***
D(NPNL)	0.310 178 (3.92)***	0.309 584 (3.94)***	0.311 596 (3.96)***	0.319 166 (4.08)***	0.311 836 (3.20)***	0.320 373 (4.11)***
D(DTWEXM)	-0.018 279 (-8.19)***	-0.018 360 (-8.19)***	-0.018 340 (-8.22)***	-0.018 170 (-8.15)***	-0.017 980 (-8.08)***	-0.018 020 (-8.07)***
DINV	3.11×10^{-5} (1.54)					
DINV×EIADAY	-9.83×10^{-5} (-1.89)*					
EINV		-5.27×10^{-6} (-0.11)				
EINV×EIADAY		0.000 102 (0.85)				
INVERR		3.88×10^{-5} (1.72)*	3.87×10^{-5} (1.71)*	3.72×10^{-5} (1.64)	3.60×10^{-5} (-1.59)	3.62×10^{-5} (1.52)
INVERR×EIADAY		-0.000 142 (-2.50)**	-0.000 140 (-2.47)**	-0.000 140 (-2.51)**	-0.000 140 (-2.42)**	-0.000 140 (-2.39)**
TB3	-0.001 073 (-1.996)**	-0.001 051 (-1.88)*	-0.001 110 (-2.06)**	-0.001 040 (-1.92)*	-0.001 100 (-2.04)**	-0.000 990 (-1.77)*
R_SP500	0.194 812 (3.40)***	0.203 077 (3.54)***	0.200 311 (3.50)***	0.204 916 (3.60)***	0.215 564 (3.75)***	0.201 809 (3.51)***
SQRT(GARCH)				0.170 253 (0.93)	0.130 780 (0.74)	0.169 250 (0.91)

续表

	（1）	（2）	（3）	（4）	（5）	（6）
均值方程						
DUM	−0.008 945 ***	−0.008 832 ***	−0.008 980 ***	−0.011 580 ***	−0.011 190 ***	−0.011 390 ***
	（−3.08）	（−2.98）	（−3.07）	（−2.72）	（−2.69）	（−2.68）
条件方差方程						
c_0	2.39×10^{-5} **	2.45×10^{-5}	2.46×10^{-5} **	2.87×10^{-5} **	2.35×10^{-5} *	2.14×10^{-5}
	（2.14）		（2.16）	（2.32）	（1.75）	（1.62）
RESID（−1）^2	0.102 583 ***	0.105 853	0.105 487 ***	0.114 275 ***	0.124 564 ***	0.109 629 ***
	（3.31）		（3.37）	（3.51）	（3.56）	（3.45）
GARCH（−1）	0.840 334 ***	0.835 236	0.835 334 ***	0.815 193 ***	0.789 664 ***	0.821 496 ***
	（17.6）		（17.25）	（16.14）	（14.49）	（16.86）
DUM	6.95×10^{-5} *	7.18×10^{-5}	7.26×10^{-5} *	8.82×10^{-5} *	10.5×10^{-5} ***	8.63×10^{-5} *
	（1.71）		（1.72）	（1.86）	（1.99）	（1.89）
ABS（D（NPNL））					0.003 844	
					（1.42）	
ABS（INVERR）						2.50×10^{-7}
						（0.84）
t分布的自由度	13.351 770 **	13.398 330 *	13.147 390 *	13.579 790 *	14.754 200 *	14.790 070
	（1.86）	（1.84）	（1.89）	（1.79）	（1.73）	（1.53）
调整 R^2	0.113 639	0.110 684	0.113 382	0.113 923	0.113 878	0.112 402
对数似然值	1 753.694	1 755.187	1 754.806	1 754.678	1 756.244	1 755.077
F 统计量	8.370 ***	7.210 ***	8.358 ***	7.869 ***	7.408 ***	7.315 ***
残差检验						
ARCH 检验：F 统计量	0.410 686[0.521 8]	0.225 287[0.635 2]	0.307 401[0.579 4]	0.251 142[0.616 4]	0.068 191[0.794 1]	0.147 969[0.148 0]
Jarque-Bera 统计量	9.902 300[0.007 1]	9.416 400[0.009 0]	9.930 800[0.007 0]	8.902 400[0.011 7]	9.015 500[0.011 0]	7.088 900[0.028 9]
无条件方差			0.000 416			

注：每列给出了解释变量的系数，小括号中给出的是 z 统计量，中括号中是统计量 p 值。D（·）表示变量的一阶差分，ABS（·）是指变量的绝对值。在条件方差方程中，RESID（−1）^2，GARCH（−1）表示一阶 ARCH 项和一阶 GARCH 项。我们提供了模型残差的一些检验统计量，如 ARCH LM 检验和正态性检验。其中 ARCH LM 检验中取滞后 1 阶，检验统计量的 p 值在方括号中给出
***，**，*分别表示在 1%、5%、10%的显著性水平下显著

其中：

$$\varepsilon_t \big| \Omega_{t-1} \sim \text{Student-}t\,(n)$$

$$\sigma_t^2 = \omega + \alpha_1 \varepsilon_{t-1}^2 + \beta_1 \sigma_{t-1}^2 + \theta_1 \text{ABS}\big(D(\text{NPNL}_t)\big) + \theta_2 \text{ABS}(\text{INVERR}_t) + \theta_3 \text{DUM}$$

其中，ABS(X)表示变量 X 的绝对值。模型估计方法如 3.2 节所述，模型估计结果如表 3.3 所示。

从表 3.3 的模型估计结果我们可以发现，包括不同外生变量的模型的均值方程均包含一个 1 阶自回归项，而条件方差方程则均包含 1 阶自回归项和 1 阶滑动平均项。所有这些模型残差的 ARCH LM 检验的 F 统计量说明残差中不再有 ARCH 效应。这说明模型的设定是合理的。这些模型的残差的 Jarque-Bera 统计量均显示残差不服从正态分布，这说明我们设定新息为 t 分布而非正态分布是比较合适的。

3.4.2　实证结果解释

从上述结果我们容易发现非商业交易商的交易活动对原油价格短期波动有显著影响，而另外一个显著影响油价短期波动的因素是未预期库存变化。非商业交易商，其中主要是管理期货和商品基金等机构交易者的持仓变化可以推动价格走高或下跌。当这些基金增加多头头寸，那么期货价格会上涨；当他们减少多头头寸、增加空头头寸时，期货价格会下跌。从这个因素的估计结果，我们可以看到商品市场上的基金交易活动对原油价格波动造成的影响。对于库存信息，当新的库存信息发布后显示库存水平与市场预期不同，价格会波动以反映新的信息。库存反映了短期的供需关系，因此它反映了短期市场基本面的变化对原油价格波动的影响。由供给和价格的关系，我们知道价格与库存水平负相关，因此库存信息的冲击同样与价格应该呈负相关关系。我们模型的结果符合这种关系。变量 INVERR × EIADAY 的系数为负，在 5%的显著性水平下显著，这反映了在美国能源信息署公布库存信息的当天，如果库存水平低于（高于）市场预期值，那么价格会上涨（下跌）。我们这个结果与 Mu（2007）对天然气市场库存信息影响的分析结果相似。另外，我们同时发现，库存信息发布当天价格的波动很大程度上是因为信息的冲击，当市场逐渐吸收了新信息，在随后的几天内，价格会逐渐恢复，即价格因为信息冲击造成的上涨（下跌）的程度会降低，这正是变量 INVERR 系数为正所揭示的。这说明在原油期货市场上，市场存在对库存信息冲击的过度反应，但这种过度反应会被市场迅速调整。

通常美元汇率对原油价格的影响为负，在 1%的水平下显著。美元贬值将使原油价格上涨，而美元升值会使原油价格下跌。我们的实证结果与之前的一些研究结果是一致的，如 Blomberg 和 Harris（1995）、Sadorsky（2000）、Serletis（1994）等。对于 2006 年 5 月 2 日至 2009 年 5 月 5 日的样本，美元 3 个月期国库券利率

（TB3）这个变量的系数在模型中是显著的，且影响为负；但是我们还尝试过其他时间段的样本，如果使用 2006 年 5 月 2 日至 2007 年 11 月 27 日的样本进行分析，那么这个变量的系数并不显著。同样地，对于 2006 年 5 月 2 日至 2009 年 5 月 5 日的样本，S&P500 指数收益率在模型中是显著的，但如果使用 2006 年 5 月 2 日至 2007 年 11 月 27 日的样本，或者 2006 年 5 月 2 日至 2008 年 7 月 3 日的样本进行分析，S&P500 指数收益率在模型中均不显著。利率（TB3）、股票市场收益率（R_SP500）两个影响因素的系数符号与我们预期的并不一致，同文献中的已有结果也不一致（Gorton and Rouwenhorst, 2006；Sadorsky, 2002；Mu, 2007）。基于商品库存理论，原油收益率应该与利率正相关，而我们发现利率对收益率是负向影响，尽管这个变量并不是始终显著。Pindyck（2004）的结果显示对天然气和原油，利率在收益率的均值方程中是不显著的，利率在原油收益率均值方程中系数为正，而在天然气的收益率均值方程中系数为负。我们结果与该研究结论类似。利率对原油收益率影响为负可以从另外一个途径进行解释。如果我们将利率看作债券市场的收益率，那么这反映了债券市场与原油市场的交互影响。依据金融资产定价原理，预期收益率应该是风险补偿，即风险越高，预期收益率应该越高。Pindyck（2004）发现原油期货的收益率与波动率有很强的正向关系。我们的研究结果同样验证了这一点，ε_t 的标准差的系数为正，但该变量在我们的模型中并不显著。

对于原油收益率的条件方差方程，估计结果显著条件方差主要是一个 GARCH（1,1）过程，无论是非商业交易商的交易活动还是未预期到的库存变化都对条件方差没有显著影响。尽管我们期望这两个变量对条件方差有显著的正向影响，但并未从实证结果获得支持。Mu（2007）发现天然气市场的条件方差在库存信息发布后增大，但我们在原油期货市场没有得到类似结果。此外，我们发现通常市场下跌时条件方差大于市场上升阶段，我们定义这个虚拟变量主要源于金融危机，因此我们看出金融危机对原油期货价格波动有显著影响，危机发生后，市场价格波动性增大。

从表 3.3 中（3）列的模型结果可见，条件方差方程的 ARCH 项[RESID（-1）^2]和 GARCH 项系数分别为 0.105 487 和 0.835 334，这说明波动集聚现象的存在。我们利用该模型得到的条件方差序列如图 3.3 所示。对于 GARCH（1,1）模型，对波动率的多步预测趋近于 ε_t 的无条件方差，$\omega/(1-\alpha_1-\beta_1)$。我们利用表 3.3 中（3）列所示模型的估计结果计算得到的 ε_t 无条件方差为 0.000 416。

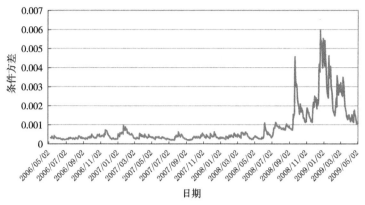

图 3.3　原油价格收益率的条件方差估计值

3.5　本　章　结　论

　　尽管波动率不能直接被观测，但是资产的波动率通常存在几个性质。首先，存在波动聚集效应。其次，波动随时间的变化呈现一种连续状态，即波动的大幅跳跃很少。最后，波动率不会趋向于无穷，即波动率经常在某个区间内变化。我们对原油期货收益率的研究发现，原油期货的收益率的波动就有这样的特点。

　　研究价格的波动具有重要的作用。首先，理解波动性对金融衍生产品的定价至关重要；其次，对于制定套期保值的策略及与生产和消费相关的固定资产的投资决策密切相关。正如 Pindyck（2004）指出的，波动率是确定基于商品的或有权益的关键因素，波动率的持续改变会影响生产商和工业消费者的风险水平，改变他们投资存货和工厂的动机。最后，波动性在风险管理中也很重要，波动性研究模型能为度量金融资产头寸的风险值（value at risk）提供简便的方法。

　　本章我们利用 WTI 原油期货，考察了原油价格的走势，探讨了原油价格短期波动的影响因素，并利用模型来分析和度量这些因素的影响。同时，我们将讨论的重点放在基金的投机活动、库存信息对市场预期的冲击的影响上。我们发现，基金的投机活动、库存信息对于市场预期的冲击、美元汇率均对收益率的短期变化有显著影响。若固定其他条件不变而讨论一个因素的变化，我们发现有如下关系：基金持仓变化与收益率正相关，如果基金增加（减少）多头头寸的比例，那么基金的这种操作可以推高（压低）原油的价格。库存信息对市场预期的冲击应与收益率负相关，当库存信息发布日原油的实际库存水平高于（低于）预期时，表示供给状况比预期的宽松（紧张），会对原油价格产生压力（支撑）。但是这种冲击在接下来的日子里会逐步恢复。这说明市场对库存信息冲击存在一定的过度反应，但是市场会迅速从过度反应中恢复过来。美元汇率与原油价格负相关，美元贬值（升值）时，原油价格会上涨（下跌）。而条件方差主要服从 GARCH（1,1）过程。诸如基金持仓、库存预期偏差等因素对原油价格收益率的条件方差影响均不显著，但原油期货在下跌过程中的波动更为剧烈。这些结果揭示，短期中原油价格主要通过基金持仓调整来传达市场预期的变化，而库存信息尤其是富含新的信息的库存预期偏差成为传导短期基本面信息的有效变量，当然因为原油是以美元计价的，所以美元汇率（如 DTWEXM）的波动会体现在油价的变化中。此外，我们利用 GARCH 方程还可以提供 ε_t 的无条件方差估计及对条件方差的估计，这为我们预测波动率提供了一些指引。

第4章 基于时差相关多变量模型的国际原油价格影响因素分析

4.1 引 言

从 2003 年第二次海湾战争到 2008 年第二季度，国际原油价格经历了一段高波动快速上涨时期，其时间跨度长达 5 年，大大超过了前几次石油危机。WTI 原油现货价格于 2008 年 7 月 3 日一度达到其历史最高点 145.29 美元/桶，2008 年第二季度原油现货均价高达 123.95 美元/桶。2008 年 9 月雷曼兄弟破产标志着美国次贷危机演变成全球金融危机，原油现货价格更于 9 月 23 日创下此前十年来单日最大跌幅，暴跌 14.76 美元/桶，幅度达到 12.04%。之后油价一路下挫，特别是 2008 年第四季度，相比上一季度下跌幅度达到 50.57%，12 月 22 日原油现货价格触及 2001 年 2 月以来的历史最低点 30.28 美元/桶。进入 2009 年，随着全球经济复苏迹象的明朗，以及美元贬值等因素的作用，国际原油价格开始逐步回升，截止到 2009 年 12 月 31 日，WTI 原油现货价格已升至 79.39 美元/桶，回到 2007 年水平。纵观 2008 年和 2009 年油价的巨幅波动，金融危机明显是导致油价经历如此走势的主要原因。图 4.1 为 1986~2009 年 WTI 原油现货价格季度走势图。

从 20 世纪 70 年代第一次石油危机爆发至 2009 年，国际原油价格先后经历了七次剧烈的大幅波动，对其前后油价波动机制的研究主要集中在 20 世纪的三次石油危机、海湾战争及亚洲金融风暴等（Kapetanios and Tzavalis, 2010; Hammoudeh and Li, 2004; Adelman, 1995; Hamilton, 1983; 张珣等, 2009），然而正如 Kilian

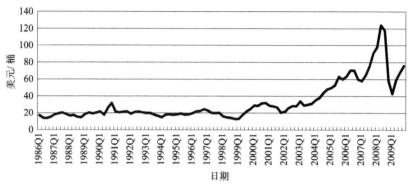

图 4.1   1986~2009 年 WTI 原油现货价格季度走势

（2009）指出的，不是所有的石油危机都一样，2008 年 9 月爆发的全球金融危机对油价波动机制的改变，与前六次应该也有所不同。然而，目前还少有文献对其前后油价波动机制的变化进行分析。近期有一些学者从影响因素入手，对此次危机发生前油价快速上涨的 2003~2008 年油价波动的成因及影响进行了分析。而对于危机前后，各影响因素与油价间关系的变化、油价波动机制的改变的研究，目前相关国内外的文献还很少。

以往对油价影响因素的研究，大多使用误差修正模型进行数量分析（Huntington，2010；Krichene，2002；Kaufmann and Ullman，2009；Yang et al.，2002；杨建辉和潘虹，2008），尽管使用误差修正模型从理论上可以得到各因素长期和短期内与油价相互间的影响关系，但是该模型也有自身的缺陷。例如，各变量选取相同的滞后阶数是否合理，分析单个变量对油价的影响不够直观。而且，使用误差修正模型计算得到的弹性系数通常会偏小。

因此，本章提出了一个基于时差相关的多变量分析框架，不仅对各因素与油价相互影响的程度进行计量，同时对影响的时滞进行研究，通过对金融危机前后的样本建模，解答以下两个问题：其一，金融危机前后各因素对油价的影响是否出现了变化；其二，如果有变化，变化是什么，反映了什么问题。弄清这两个问题，有助于我们通过分解问题，更进一步了解国际油价波动的机制、危机后油价走势的成因，同时可以为建立更有效的预测模型提供有力支持。

本章对影响因素的分析跨越了整个金融危机时期，试图探求危机前后，以及随着危机的演化，各因素与油价之间关系的变化。4.2 节提出基于时差相关的多变量分析框架；4.3 节确定了拟研究的国际原油价格影响因素，并对模型变量进行选择；4.4 节在说明样本区间后对模型变量进行了平稳性检验，然后根据 4.2 节的分析框架利用数据的有力支撑，深入分析各因素与国际原油价格之间相互影响的程度、时差关系和内在机制，以及金融危机爆发前后各因素与油价之间影响关系的变化，揭示了变化的原因，解答了本节提出的两个问题；4.5 节总结了本章的主要结论和贡献。

4.2 基于时差相关的多变量分析框架

除误差修正模型外，以前的油价影响因素分析多为同阶的二元回归分析，或在此基础上加入若干影响显著的变量，建立多元回归模型，研究各因素与油价间的偏相关关系（汪寿阳等，2008）。这样的分析过程，一方面会导致多元回归模型的调整 R^2 较低，模型对数据的拟合较差，解释力度不强，更重要的是，此种分析建立在各因素与油价的影响作用关系是在当期就传导完毕的假设下，然而实际情况却不尽然。因此，本节构建了一个基于时差相关的多变量分析框架（图 4.2）。在多变量模型中引入各影响因素的领先或滞后阶，能更深入地分析各因素在时间维度上是如何影响油价或受其影响的。在建模前先进行时差相关分析，以此作为确定和调整滞后阶数的依据，提高了模型构建的科学性。本章使用的多变量模型为经典的多元回归模型，自变量及其滞后阶数的确定，遵从自变量的系数是否显著和调整 R^2 是否提高的准则。

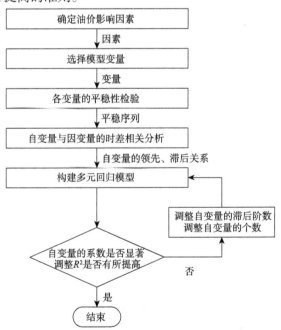

图 4.2 基于时差相关的多变量影响因素分析框架
资料来源：张文等（2012）

4.3 国际原油价格影响因素与模型变量选择

4.3.1 影响因素确定

原油作为一种商品，供给和需求是决定其价格的基本要素，油价的变动是供需关系变化的结果。Cooper（2003）指出 OECD 国家的石油需求在短期是缺乏弹性的。Krichene（2002）的研究也发现油价波动不同阶段短期的需求和供给均是缺乏弹性的。正是由于这一原因，当市场需求发生变化的时候，特别是需求增加的时候，市场更多的是通过价格变化而不是产量变化来达到均衡；反之，当石油供给发生变化的时候，市场也是更多地通过价格变化来重归均衡。因而从一定程度上讲，石油短期弹性的缺乏是当某种因素影响了石油的供给或需求时造成短期内油价大幅波动的内因。尽管短期原油的需求和供给几乎是刚性的，然而从长期来看，原油的供给和需求弹性会逐渐增大。Huntington（2010）通过对 1950~2005 年油价、美国石油需求量（以 2002 年美元计）和美国实际 GDP（以 2002 年美元计）的分析，证实了石油消费的长期弹性要大于短期弹性。Krichene（2002）的研究发现 1918~1973 年石油的长期供给则是富有弹性的。

经济状况也是原油价格的主要影响因素之一。GDP 是最常用的衡量经济增长情况的指标。Hamilton（2009）应用经济学理论对油价进行分析时指出，世界实际 GDP 的快速增长导致石油的需求曲线右移，使石油消费大幅增加，又由于短期供给刚性，2003~2005 年油价快速上涨。GDP 的增长意味着经济体提供了更多的商品和服务，因此需要更多的原油用来生产原材料（如塑料、化学制剂等），以及生产成品油为交通运输提供燃料等。另外 GDP 增长意味着居民收入增加，因此有更多的可支配收入可用来消费原油产品。GDP 增长还会增加市场对经济增长的信心，从而推高油价。但是 GDP 的增长，特别是美国 GDP 的增长在一定程度上还会推动美元汇率走强，从而打压油价。而且 GDP 还会影响国家的宏观调控与决策，进而间接影响油价（如美国的宏观调控体系中就包含能源政策，将油价作为调节经济的政策手段）。因此 GDP 不仅通过影响原油消费来影响原油价格，它还通过影响其他因素对油价产生影响。所以，在后面油价影响因素的分析中，除供需因素外，我们还对 GDP 与油价的关系进行分析，以研究在保持其他因素不变的情况下，GDP 与油价间的偏相关关系。

另外，库存也是原油市场中非常重要的因素之一。同其他生产加工行业一样，为了应对可预期的或不可预期的需求和供给冲击，建立原油库存可以用来降低调整生产的成本，保证商品的按时交割，降低市场成本。库存作为原油供给和需求的调节工具，其变化会对油价特别是短期油价产生影响。因为短期原油市场的参与者无法获得准确的、实时更新的基本面信息，而美国能源信息署每周发布的原油库存变动数据，可以用来判断短期原油市场的供求状况，所以该信息成为交易商可获得的最新最快的基本面信息，进而成为其市场操作的依据。Ghouri（2006）估计了油价与美国石油库存之间的关系，得到美国石油总库存上升（下降）1%，将会导致 WTI 原油价格相应下跌（上涨）0.97%。

原油作为在国际市场上交易的品种，其价格还受到美元汇率，以及市场投机程度的影响。原油具有内在价值，且交易大都以美元结算，当美元兑其他货币走低时，原油的内在价值并没有减少，而是相同数量的美元所能体现的原油的内在价值减少了，因此相同价值的原油需要等价于更多的美元。另外，原油等初级商品具有一定的保值功能，因此美元贬值时，大量国际金融资本转向投资原油等初级商品以对冲货币贬值风险，这会推高原油的价格水平。IMF（2008）的研究显示，美元指数下降 1%将会伴随国际油价上涨约 1%。全球原油供求的脆弱平衡状态为国际资本投机原油提供了基础，现代高度发达的金融市场则为国际资本投机提供了平台。2003 年至 2008 年上半年，大型的金融机构、对冲基金、退休基金和其他投资基金在能源商品市场上投入了上千亿美元的资金。根据 Parsons（2010）的估算，2008 年投资在场内交易的原油期货合约的投资基金约有 2020 亿美元，通过指数基金投资在原油上的资金约有 1300 亿美元。除此之外，还有规模庞大的原油衍生品场外交易，金额难以估算。投机者对原油期货合约的大量购买不仅创造了一种额外的石油需求，而且部分投机者高买更高卖，不断推高油价进行套利。投机因素与 2003 年至 2008 年上半年国际油价的大幅上涨有着密切的关系。宫雪等（2008）和 Kesicki（2010）在研究中将商品期货交易委员会公布的在纽约商业交易所交易的原油期货非商业净多头和非商业净多头比率作为市场投机程度的度量，分析结果显示原油期货非商业净多头和非商业净多头比率均与油价呈现显著的正向关系。因此，本书对油价影响因素的分析，除考虑原油的商品属性外，还将考虑原油的金融属性。

影响原油价格的因素众多，本书通过以上分析，选择学术界和业界存在共识的、数据可得且有足够样本长度的、对油价产生影响的几个重要因素：原油的需求、供给、库存、经济状况、美元汇率及市场投机程度，分别对它们与油价间相互影响的程度、时差关系和内在机制，以及金融危机爆发前后它们与油价间影响关系的变化及其原因进行深入分析。

4.3.2 变量选择

确定影响因素后，建模之前需针对各因素选择合适的模型变量。本节使用的原油价格为 WTI 原油现货季度价格（当季日度价格的平均值），数据来源为美国能源信息署。对于原油需求，本书使用 OECD 石油产品消费量进行度量，数据来源为美国能源信息署。因为，OECD 目前的 38 个成员国包括了几乎所有的发达国家，国民生产总值占全世界的三分之二。2008 年 OECD 的石油消费量为 4757 万桶/天，占世界石油消费总量的 55.46%[①]。另外，OECD 的石油消费数据较世界原油消费数据更新更为及时，所以，本节将 OECD 的石油消费量作为世界原油需求的代表。

对于原油供给，本节使用 OPEC 的原油产量，数据来源为美国能源信息署，该数据为包括油田凝析油的原油产量。尽管 OPEC 的原油产量占世界原油产量的比重在逐年下降，但是其作为 13 个主要石油生产国的国际性石油组织，原油储量占世界的 79.3%[②]，占世界石油出口的 55%，在国际原油供给中仍然扮演着最为重要的角色。2008 年 OPEC 的原油产量为 3248 万桶/天，占世界原油产量的 44.06%。

美国是世界上原油消费最多的国家，2008 年消费原油 1950 万桶/天，占世界的 22.74%，同时美国是世界第三大原油生产国，为保证生产、消费及国家安全的需要，美国建立了世界上最大的石油库存，其库存占世界的 40%，占 OECD 的 43%。因为美国石油库存的变化同 OECD 石油库存变化的相关系数达到 0.87，而且因为美国的石油库存数据每周发布一次，而 OECD 的石油库存数据每月发布一次，所以相对于 OECD 的石油库存，投资者可能会更多地根据美国石油库存的变化情况对头寸进行调整。因此本章使用美国石油总库存对原油库存进行度量。库存数据来自美国能源信息署，包括工业库存和政府控制库存。

本书使用美国实际 GDP 度量经济状况。因为美国是当今世界经济最发达的国家，其经济增长速度牵动着世界经济的增长速度。2008 年美国 GDP 达到 144 000 亿美元，是排名其后的中国 GDP 的 1.8 倍，日本 GDP 的 3.3 倍，印度 GDP 的 4.4 倍，德国 GDP 的 5 倍[③]。另外，从数据的可得性来看，美国 GDP 具有季度数据且数据更新及时。

对于美元汇率和市场投机程度，本书沿用文献中的变量，分别使用对主要货币的美元指数和非商业净多头比率进行度量，其中，非商业净多头比率公式如下：

$$非商业净多头比率 = \frac{非商业持仓多头 - 非商业持仓空头}{非商业持仓多头 + 非商业持仓空头 + 2 \times 非商业持仓套利}$$

$$(4.1)$$

---

① 资料来源：美国能源信息署，经计算得到。
② 资料来源：OPEC 2008 年度统计公报（OPEC Annual Statistical Bulletin 2008）。
③ 资料来源：美国中央情报局网站（https://www.cia.gov）。

主要货币的美元指数数据来自美联储[①]，式（4.1）需要的持仓数据来自美国商品期货交易委员会的交易商持仓报告[②]。

4.4　建模及结果分析

建模应使用平稳序列，因此首先对各变量进行平稳性检验。本章使用 ADF 单位根对各变量进行检验，样本区间为 1986 年第一季度至 2009 年第三季度。为了使分析结果更具经济解释性，除非商业净多头比率外，本书对其他六个变量均进行了对数化处理。从表 4.1 可以看出，除非商业净多头比率为平稳序列外，其他变量的对数序列均为 1 阶单整序列。

表 4.1　各变量的平稳性检验

变量名称	变量符号	t 值	p 值
原油价格	LNPRICE	−0.925 166	0.776 1
	D（LNPRICE）	−8.466 764	0.000 0
OECD 石油消费量	LNCONSUM	−2.116 939	0.238 7
	D（LNCONSUM）	−5.391 046	0.000 1
OPEC 原油产量	LNPRO	−2.509 990	0.116 3
	D（LNPRO）	−9.620 481	0.000 0
美国原油库存	LNUSSTOCK	−0.887 500	0.788 0
	D（LNUSSTOCK）	−4.869 491	0.000 1
美国 GDP	LNREALGDP	−1.706 381	0.424 7
	D（LNREALGDP）	−6.000 588	0.000 0
美元指数	LNUSDINDEX	−1.900 979	0.330 6
	D（LNUSDINDEX）	−7.258 402	0.000 0
非商业净多头比率	NONCOMMER_NETR	−4.670 658	0.000 2

注：$D(\cdot)$ 表示 1 阶差分

接下来，对油价与各影响因素之间的时差相关关系进行分析，然后构建多元回归模型。基于时差相关分析可以确定各自变量相对于油价的领先、一致和滞后关系。从时差相关分析结果（表 4.2）可以看出：OPEC 原油产量与油价之间的领

[①] 资料来源：圣路易斯联邦储备银行（Federal Reserve Bank of St. Louis），为当季日度数据的平均值。

[②] 资料来源：商品期货交易委员会，根据当季最后一个交易日的数据，计算得到。

先滞后关系，在 2008 年第三季度发生了变化；美国 GDP 在 2008 年第二季度之前均领先油价两个季度，2008 年第三季度和 2008 年第四季度领先油价一个季度，2009 年第一季度到第三季度与油价同步；非商业净多头比率则在 2008 年第四季度之前均领先于油价，之后与油价同步。

表 4.2　时差相关分析结果

影响因素	1986Q1~ 2008Q1	1986Q1~ 2008Q2	1986Q1~ 2008Q3	1986Q1~ 2008Q4	1986Q1~ 2009Q1	1986Q1~ 2009Q2	1986Q1~ 2009Q3
OECD 石油消费量	-9						
OPEC 原油产量	-15		0			+1	
美国原油库存	-5	-12	-14	-5	-8	-12	
美国 GDP	-2		-1		0		
美元指数	0						
非商业净多头比率	-1				0		

注：负数表示该因素为油价的领先指标，正数表示该因素为油价的滞后指标

为进一步分析各因素与油价相互影响的程度和时差关系，本节对金融危机前后的七段样本分别建立多元回归模型，自变量的个数及滞后阶数的调整遵从"系数显著，调整 R^2 有所提高"的准则。其中基于 1986Q1~2008Q1、1986Q1~2008Q2 和 1986Q1~2008Q3 三段样本建立的模型如式（4.2）所示。基于样本 1986Q1~2008Q4 和 1986Q1~2009Q1 建立的模型如式（4.3）所示。基于样本 1986Q1~2009Q2 和 1986Q1~2009Q3 建立的模型如式（4.4）所示。模型分析结果如表 4.3 和表 4.4 所示。

$$D(\text{LNPRICE}_t) = c_1 + c_2 D(\text{LNCONSUM}_t) + c_3 D(\text{LNCONSUM}_t)(-7) + c_4 D(\text{LNPRO}_t)(-15) + c_5 D(\text{LNREALGDP}_t)(-2) + c_6 D(\text{LNUSSTOCK}_t) + c_7 D(\text{LNUSDINDEX}_t) + c_8 \text{NONCOMMER\_NETR}_t + \varepsilon_t$$

（4.2）

$$D(\text{LNPRICE}_t) = c_1 + c_2 D(\text{LNCONSUM}_t) + c_3 D(\text{LNCONSUM}_t)(-7) + c_4 D(\text{LNPRO}_t)(1) + c_5 D(\text{LNREALGDP}_t)(-1) + c_6 D(\text{LNUSSTOCK}_t) + c_7 D(\text{LNUSDINDEX}_t) + c_8 \text{NONCOMMER\_NETR}_t + \varepsilon_t$$

（4.3）

$$D(\text{LNPRICE}_t) = c_1 + c_2 D(\text{LNCONSUM}_t) + c_3 D(\text{LNCONSUM}_t)(-7) + c_4 D(\text{LNPRO}_t)(1) + c_5 D(\text{LNREALGDP}_t) + c_6 D(\text{LNUSSTOCK}_t) + c_7 D(\text{LNUSDINDEX}_t) + c_8 \text{NONCOMMER\_NETR}_t + \varepsilon_t$$

（4.4）

表 4.3　金融危机发生前模型分析结果

1986Q1~2008Q1		1986Q1~2008Q2		1986Q1~2008Q3	
变量	系数	变量	系数	变量	系数
c_1	−0.02	c_1	−0.02	c_1	−0.02
D(LNCONSUM)	−1.21*	D(LNCONSUM)	−1.32*	D(LNCONSUM)	−1.32*
D(LNCONSUM)(−7)	1.19*	D(LNCONSUM)(−7)	1.23*	D(LNCONSUM)(−7)	1.23*
D(LNPRO)(−15)	−0.76*	D(LNPRO)(−15)	−0.71*	D(LNPRO)(−15)	−0.71*
D(LNUSSTOCK)	−1.01	D(LNUSSTOCK)	−1.07**	D(LNUSSTOCK)	−1.07**
D(LNREALGDP)(−2)	5.18*	D(LNREALGDP)(−2)	5.04*	D(LNREALGDP)(−2)	5.02*
D(LNUSDINDEX)	−1.60*	D(LNUSDINDEX)	−1.65*	D(LNUSDINDEX)	−1.64*
NONCOMMER_NETR	0.17*	NONCOMMER_NETR	0.17*	NONCOMMER_NETR	0.17*
调整 R^2	0.38	调整 R^2	0.37	调整 R^2	0.37
DW 统计量	2.32	DW 统计量	2.26	DW 统计量	2.30
LM 统计量的 p 值	0.1039	LM 统计量的 p 值	0.1169	LM 统计量的 p 值	0.1300
White 检验的 p 值	0.3378	White 检验的 p 值	0.4721	White 检验的 p 值	0.4390

注：所有方程的残差均平稳。DW（Durbin-Watson，德宾–沃森）；LM 统计量指 Breush-Godfrey 序列相关拉格朗日乘子检验（Breush-Godfrey serial correlation Lagrange Multiplier test）统计量

**、*分别表示在 5%、10%的显著性水平下显著

表 4.4　金融危机发生后模型分析结果

1986Q1~2008Q4		1986Q1~2009Q1		1986Q1~2009Q2 和 1986Q1~2009Q3	
变量	系数	变量	系数	变量	系数
c_1	−0.03	c_1	−0.03	c_1	−0.02
D(LNCONSUM)	−1.69*	D(LNCONSUM)	−1.76*	D(LNCONSUM)	−1.76*
D(LNCONSUM)(−7)	1.12*	D(LNCONSUM)(−7)	1.19*	D(LNCONSUM)(−7)	1.21*
D(LNPRO)(1)	1.23*	D(LNPRO)(1)	1.18*	D(LNPRO)(1)	1.33*
D(LNUSSTOCK)	−1.96*	D(LNUSSTOCK)	−2.06*	D(LNUSSTOCK)	−2.18*
D(LNREALGDP)(−1)	4.29	D(LNREALGDP)(−1)	5.25**	D(LNREALGDP)	3.20
D(LNUSDINDEX)	−2.05*	D(LNUSDINDEX)	−2.05*	D(LNUSDINDEX)	−2.20*
NONCOMMER_NETR	0.13*	NONCOMMER_NETR	0.13*	NONCOMMER_NETR	0.14*
调整 R^2	0.43	调整 R^2	0.45	调整 R^2	0.45
DW 统计量	1.91	DW 统计量	1.96	DW 统计量	1.91
LM 统计量的 p 值	0.7762	LM 统计量的 p 值	0.9244	LM 统计量的 p 值	0.9109
White 检验的 p 值	0.0000	White 检验的 p 值	0.0002	White 检验的 p 值	0.0081

注：所有方程的残差均平稳

**、*分别表示在 5%、10%的显著性水平下显著

从 DW 统计量来看，样本 1986Q1~2008Q2 和 1986Q1~2008Q3 的方程残差的 DW 统计量接近于 2 即误差无序列相关性，其他各方程的 DW 统计量均显示无法

确定随机误差项是否存在 1 阶序列相关。序列相关 LM 检验（滞后 1 阶）的 p 值均大于显著性水平 10%，则说明各方程的随机误差项均无序列相关性。从 White 检验的结果来看，表 4.3 中检验统计量的 p 值大于显著性水平 10%，显示各方程的残差均无异方差性，而表 4.4 中检验统计量的 p 值则小于 1% 的显著性水平，则说明残差均存在异方差性。因此，使用 White 异方差一致协方差对表 4.4 中方程的参数估计量进行修正，表 4.4 中各变量的系数均为修正后的结果。因为本节使用的自变量，除非商业净多头比率外，均为原变量的差分形式，所以在一定程度上有效地消除了原变量间的多重共线性。而且各方程的调整 R^2 均小于 0.46。对各方程残差的检验结果显示，残差序列均平稳。经过以上的检验和处理，各模型的设定正确，参数的估计是线性、无偏和有效的，所以在此基础上，本节接下来将根据建模结果依次对各影响因素与油价间的相关关系进行分析。

总的来看，OECD 当期的石油消费增速同 WTI 油价增速呈反向关系，原因在于 WTI 油价影响了当期的石油消费，油价上涨会导致石油消费下降，消费价格弹性在 2008 年前三季度大约为 0.76（1/1.32），之后弹性变小至 0.59（1/1.70），正如 Hamilton（2009）指出的，短期油价波动的决定因素是收入而不是需求，弹性的变小在一定程度上反映了金融危机爆发后，人们预期收入减少，即使油价下跌也不会显著增加石油消费的现象。而滞后 7 阶（约一年半）的 OECD 石油消费量增速与 WTI 油价增速呈现正向关系，这可能是预期效应的体现。当石油消费增速上升时，人们会预期未来的消费增速也会保持现有水平，进而预期未来油价将快速上涨，基于这种预期，投资者会看涨油价，从而导致未来油价收益率上升，而这种效应的显现大约在一年半之后。预期效应对油价的影响在金融危机前后均比较稳定，大约为 1.2，说明当期的石油消费会对未来的油价产生影响是一个比较稳定的规律。另外，各模型中滞后 7 阶的石油消费增速[(LNCONSUM)（−7）]的系数倒数绝对值均大于当期石油消费增速[D(LNCONSUM)]的系数倒数的绝对值，说明长期消费价格弹性要大于短期，这与前人的研究结论一致。

OPEC 原油产量增速的滞后 15 阶（约四年），在 2008 年前三季度，同 WTI 油价收益率呈现反向关系，供给价格弹性约为 1.41（1/0.71），说明金融危机爆发前，原油的长期供给富有弹性，产量对油价的影响是一种长期的影响，当期原油产量增速上升会导致 4 年后的油价收益率下降，结果与 Adelman（2002）指出的 OPEC 的生产调整过程通常需要三年时间比较吻合。2008 年第四季度及其之后，OPEC 原油产量增速的领先 1 阶同 WTI 油价收益率呈现正向关系，供给价格弹性约为 0.81（1/1.23），这一变化的原因是金融危机爆发后原油价格暴跌，为阻止油价进一步下滑，OPEC 召开多次会议商议减产，表现为当期油价收益率的变化会影响下个季度 OPEC 的原油供给量，但是短期的原油供给是缺乏弹性的，即便在危机爆发后也是如此。另外，由于滞后 7 阶的 OECD 石油消费量增速和滞后 15

阶的 OPEC 原油产量增速，其系数分别反映了危机发生前，常态下原油的消费和生产对油价的影响大小，由它们的系数我们可得，一般情况下，石油消费要大于石油产量对油价的影响，这一结论与 Kilian（2009）的结论一致。

美国 GDP 增速是各因素中对油价波动影响最大的，油价对美国 GDP 变化非常敏感，从本节分析的七个季度来看，这种规律在 2008~2009 年均比较稳定。对比金融危机前后变量形式的变化，可以发现，油价越来越多地受到美国 GDP 变化的影响，从 2008 年前三季度受到约半年前的 GDP 增速变化的显著影响，逐渐演变到 2008 年第四季度和 2009 年第一季度（自第一次海湾战争以来油价下跌幅度最大的两个季度）受到上一季度 GDP 增速变化的影响，再演化到 2009 年第二季度、第三季度受到当期 GDP 增速变化的影响。分析这一变化的原因如下：危机爆发前美国 GDP 同石油消费对油价的影响相似，是一种预期效应的体现，随着危机的深化，人们更加关注当时宏观经济的形势，对当时宏观经济的解读会迅速体现在当期油价的变化中。

美国石油库存增速的变化会对当期油价波动产生负向影响，金融危机爆发后，油价对库存变化的敏感性变强，由原来的库存平均增加 1% 导致当期油价下降约 1.07%，过渡到库存平均增加 1% 将导致当期油价下降约 2.06%。

美元指数收益率对当期油价收益率有显著的负向影响，且金融危机爆发后，这种影响明显变大了，在其他因素不变的情况下，美元贬值 1% 导致以美元计价的原油价格由以前的上涨约 1.64%，变化至上涨约 2.05%。

从度量投机因素的非商业净多头比率来看，当期非商业净多头比率的上升对油价有显著的正向影响，危机爆发后，这种影响有所减弱。从之前的非商业净多头比率平均增加 1%，在危机前会导致油价收益率增加 0.17%，而在危机后会导致油价收益率增加 0.13%。另外，因为

$$D(\ln P) = \ln P_{t+1} - \ln P_t = \ln \frac{P_{t+1}}{P_t} \qquad (4.5)$$

而且因为

$$\frac{d(D(\ln P))}{d(\text{NONCOMMER\_NETR})} = \frac{d(\ln(\frac{P_{t+1}}{P_t})) / \ln(\frac{P_{t+1}}{P_t})}{d(\text{NONCOMMER\_NETR})}$$

$$= \frac{d(\ln(\frac{P_{t+1}}{P_t})) / d(\text{NONCOMMER\_NETR})}{\ln(\frac{P_{t+1}}{P_t})} = c_8$$

$$\qquad (4.6)$$

所以

$$\frac{d(\ln(\frac{P_{t+1}}{P_t}))}{d(\text{NONCOMMER\_NETR})} = \ln(\frac{P_{t+1}}{P_t}) \cdot c_8 \qquad (4.7)$$

其中，P 表示原油价格；NONCOMMER_NETR 表示非商业净多头比率；c_8 表示变量 NONCOMMER_NETR 的系数；$D(\ln P)$ 表示油价对数收益率。我们可以看出，非商业净多头比率对油价收益率的影响[式（4.7）等号左边]等于油价收益率与系数 c_8 的乘积[式（4.7）等号右边]，所以在其他条件不变的情况下，投机因素在油价收益率高时对油价的影响要大于收益率低时的情况，这很好地解释了投机因素在油价快速上涨时所起的推波助澜的作用。

由以上的分析可以看出，除由预期效应导致的当期石油消费对未来约一年半的油价有显著正向影响外，OECD 石油消费量、OPEC 原油产量、美国石油库存、美国实际 GDP、美元指数和非商业净多头比率在金融危机前后对油价的影响或受油价的影响均有不同程度的变化。并且从模型调整 R^2 的变化来看，危机发生前 R^2 为 0.37，最后模型拟合优度上升至 0.45，说明金融危机爆发后，国际原油价格有向基本面回归的趋势，具体表现为以上各因素对油价波动的解释力度明显增强。

本节通过对油价影响因素的建模分析，得到的关于石油消费和生产弹性的结论与前人的研究结论一致，在一定程度上也肯定了本书构建的模型的有效性。就各因素对油价影响的时滞来讲，当期石油消费会对大约一年半后（七个季度）的油价有正向影响，且在金融危机前后均比较稳定；美国石油库存、美元指数及非商业净多头比率对油价的影响则是在当期显现出来的。金融危机前后，美国实际 GDP 均是各因素中对油价影响程度最大的。

正如前面提到的，金融危机发生后，各因素与油价间的关系均发生了不同程度的变化，从总体来看，金融危机爆发后，国际原油价格有向基本面回归的趋势。金融危机造成预期收入减少，使得石油的消费弹性变小，金融危机发生后，当前宏观经济和市场状况备受关注，使得油价越来越受到近期美国实际 GDP 增速的影响，油价对库存变化的敏感性变大，美元指数对油价的影响也有所增加。由于金融危机爆发后，国际原油价格暴跌，使得相关因素也受到影响，如下季度的 OPEC 原油产量增速会受到当期油价收益率的显著正向影响，另外，由于投机因素对油价的影响在油价收益率高时要大于收益率低时，危机爆发后，度量投机因素的非商业净多头比率对油价的正向影响有所减弱。

4.5　本 章 小 结

本章基于时差相关多变量模型，对各因素与国际原油价格之间相互影响的程度、时差关系和内在机制进行了分析，研究结果显示各因素与油价的相互作用并不都是在当期就完成的。本章还对金融危机爆发前后各因素与油价之间关系的变化进行了比较，从金融危机所引起的宏观经济和原油市场变化出发，揭示了各因素与油价间关系变化的原因。

本章提出的基于时差相关分析的多变量分析框架，不但为变量滞后阶数的确定提供了依据，而且方便了建模，提高了模型构建的科学性，从最后模型的结果及其经济意义来看，本章提出的分析框架是可靠、直观且有效的。

第 5 章　资源能源价格波动风险监测分析

5.1　以原油为例的价格波动风险监测

5.1.1　以原油为例的大宗商品价格影响因素分析

在国际大宗商品市场上，最为重要的大宗商品是原油，由于原油越来越具有金融属性，其定价机制也是所有大宗商品中最为复杂的。这也是为什么原油是学术界和业界研究的焦点和热点。在本章研究中，我们也试图对原油进行详尽深入的研究，以期提出一种分析框架，令该分析框架适合于任何大宗商品。

在国际大宗商品市场上，能源和金属期货的市场波动尤为剧烈。以 2006 年全球商品期货价格跌宕起伏为例，2006 年整体呈上升趋势，部分商品期货价格创下了历史新高：石油和各种金属均创下历史高价并持续在高价位震荡；农产品类期货中的糖期货价格创下历史新高，其他农产品期货也有较大的波动。2008 年金融危机时期大宗商品价格大幅下跌随后逐渐恢复，如原油价格在 2008 年底触底企稳后迅速反弹，2009 年 5 月原油价格回到 60 美元/桶，之后在 2011 年 5 月回到 120 美元/桶的高位。本章首先以波动最为剧烈的原油为对象提出大宗商品的基本分析思路和架构，然后用铜作为例子进一步验证分析框架适用于各类大宗商品。

总的来讲，全球商品期货市场的波动，除了起决定因素的商品供需关系外，全球复杂的经济增长与通胀形势及由此导致的不断趋紧的货币政策冲击着全球商品期货市场，紧张的地缘政治、各种突发事件、外汇市场的波动和全球庞大资金的流动对期货价格波动也起到了推波助澜的作用。此外，商品价格的上升对全球经济增长和通货膨胀产生了重要影响，二者的交互作用也加剧了商品期货价格的波动。在短期价格监测和预测分析中，我们更应该特别关注地缘政治、气候变化等不确定性因素仍有可能加大供求矛盾，推动价格上涨，以及基金投机行为有可能加剧全球商品期货价格的波动。

正如前面综述部分提及的关于大宗商品价格预测的研究中对原油的研究最多，对于大宗商品价格波动的影响因素研究中，也是以国际原油为研究对象的最多，这是因为原油是对于经济活动最为重要的商品。另外，关于大宗商品价格预测的研究中对于工业金属的研究也相对较多。

张文等（2008）采用了潜在语义标引（latent semantic indexing，LSI）技术，通过使用层次聚类（hierarchical clustering）算法对输入文本数据进行聚类，获得了 10 个类别和 1 个异常（outlier）类别。他们通过实证分析得出的数据发现对油价影响最频繁的事件多同美国、伊拉克、油田、输油管道、出口等有关，79%的输入文本数据属于此类别，与此类别不同的另一类别则与 OPEC 配额和相关会议等有关。许伟等（2008）提出应用一种基于粗糙集和神经网络的混合方法，定量分析研究原油价格中长期的主要影响因素。通过文本挖掘技术发现、粗糙集方法确定、小波神经网络度量与原油价格相关的影响因素，最后得出世界原油总需求、世界原油总供给、汇率、世界经济发展及 OECD 原油库存为影响国际油价的主要因素。在各因素的重要性方面，世界原油总需求和世界原油总供给仍是影响原油价格的最主要因素，需求起主导性作用；汇率变化是影响国际油价的重要因素，将推动国际油价的变动。张珣等（2008）则定量地讨论了突发事件对原油价格的影响。

通过总结文献中经常使用的大宗商品的影响因素，我们对这些影响因素做了一些归纳，下面的分析以国际原油价格为例。

1. 供需关系

供需关系是大宗商品价格波动的基础因素。何小明等（2008b）从影响油价长期走势的供给因素和需求因素及对供需造成冲击的短期因素三个方面对影响油价的因素进行了初步的定性分析，反映了世界原油市场的基本结构。在原油供给方面，由于产油国主要位于中东地区，而 OPEC 的政策会对原油供给产生重要影响。

2. 库存

库存是供需关系在短期的一个表现。李敬辉和范志勇（2005）通过一个世代交叠的随机动态一般均衡模型，说明预期通货膨胀波动和利率调整通过改变真实利率影响经济主体的存货需求。存货需求波动进一步使得大宗商品价格波动幅度超过通货膨胀波动幅度，并使得大宗商品价格波动出现"超调"现象。他们将该模型应用到中国粮食市场，发现中国粮食价格波动很好地支持了该模型的结论。部慧等（2008）、部慧和何亚男（2011）对原油期货的研究也支持库存是影响油价短期波动的重要因素。Bu（2014）的工作专门研究了库存冲击对价格短期波动的影响，研究结果显示库存信息对市场预期的冲击与期货收益率负相关，当库存信息发布日原油的实际库存水平高于（低于）预期时，表示供给状况比预期的宽松（紧张），会对原油价格产生压力（支撑），但这种冲击会在接下来的日子中逐步恢复，即市场对库存信息冲击存在一定的过度反应。

3. 需求的短期变动

需求的短期变动，如气候异常带来的需求变化也会带来相应的影响。绝大多数国家尤其是亚洲国家对中东原油需求弹性不大，中东原油相对处于垄断地位。在定价问题上，中东产油国有较强的卖家实力。同时短期需求弹性非常小，当市场需求变动时，特别是市场需求增加的时候，市场更多的是通过价格变化而不是产量变化来达到均衡，结果会造成短期内原油价格大幅度波动。正是这个原因，在讨论原油价格波动时，需要特别关注能够引起需求短期变化的因素。在原油市场上，气候是一个能够对原油需求产生重要影响的因素之一。欧美许多国家用石油作为取暖的燃料，当气候异常寒冷时，会引起燃料油需求的短期增加，从而带动石油和其他油品的油价走高。因此，异常气候的冲击可以看成是需求冲击的替代变量，并且气候的变化也反映了短期需求和供给条件的变化。部慧等（2008）在研究该因素时，运用了芝加哥商品交易所天气衍生品的气温数据，以异常程度天数为指标衡量该因素。

4. 利率和汇率

利率和汇率作为市场基本面信息具有重要影响，同时它是期货定价因素之一。利率作为基本面信息，会直接影响很多经济活动。例如，前面提及的李敬辉和范志勇（2005）的研究，他们的工作揭示了利率如何影响库存需求，从而影响价格。另外，因为即期价格和远期价格之间本来就需要对资本成本的考量，所以利率是期货定价的考虑因素之一。大众对期货价格的分析中，利率或者汇率都是影响因素之一。部慧和何亚男（2011）与Bu（2014）的工作证实了美元指数所代表的美元对主要贸易国的汇率对于原油价格具有显著影响。此外，与利率最直接相关的是货币政策及由此导致的全球通货膨胀。各主要经济体，尤其是美国的货币政策对全球的通货膨胀均有显著影响。

5. 市场投机活动

市场投机活动是基本面因素之外的一个关键因素。Bu（2011）的工作利用商品期货交易委员会的交易商持仓报告采用 Granger 因果关系检验揭示了市场投机活动和原油期货价格之间的关系，研究结果揭示了期货价格变化是投机活动的 Granger 原因，而投机活动对当期的期货价格有影响。部慧和何亚男（2011）在投资基金的投机活动的因素之外，还加入了库存、美元汇率等因素，探讨对原油价格的影响，结果再次证实了基金持仓变化对原油期货价格当期的正向影响，即若基金增加（减少）多头头寸的比例，那么基金的这种操作可以推高（压低）原油期货的价格。同时，该工作再次确定了汇率因素和库存因素的影响。韩立岩和尹力博（2012）以全球实体经济因素、全球金融市场信号、全球大宗商品供需及库存情况和全球投机因素四大类因素指标与大宗商品价格指数为变量构建了因子扩展向量自回归（factor-augmented vector autoregression，FAVAR）模型，定量分析影响国际大宗商品波动的影响因素。实证结果表明，自 2004 年商品期货指数化投资兴起以来，大宗商品金融化趋势明显，其价格波动不能再简单归因于实体经济因素、供需因素及库存因素的影响；长期来看，实体经济和金融市场状况是影响国际大宗商品价格的主要因素；短期而言，投机因素是造成大宗商品价格波动的最主要原因；中国因素不是大宗商品价格上涨与波动的主导力量。有学者采用商品期货交易委员会数据构建了一个大宗商品金融投资与投机指数来代表金融因素，以中国工业增加值代表中国因素，结果表明：大宗商品的金融化使得价格更容易受到投资与投机的影响，中国因素对大宗商品价格的影响越来越显著，中国因素和金融因素对大宗商品价格的变化起到了至关重要的作用。

6. 市场联动

市场联动也是影响因素之一。在大宗商品的市场上经常会存在市场联动，或者称为信息溢出效应，所以当我们研究某一种大宗商品的价格时，我们还需要专注整个商品板块或者大宗商品市场的整体情况。甚至，若将大宗商品看作一大类资产，大宗商品市场还会产生与其他资本市场如股市的联动关系。陆凤彬和汪寿阳（2008）利用洪永淼等的信息溢出模型和误差修正模型（error correlation model，ECM）两种方法研究国际原油市场 Granger 因果关系和信息溢出效应，两种方法都显示 WTI 原油与布伦特原油期货交易在信息溢出方面较东南亚、波斯湾、伦敦和纽约原油现货市场占优，而在信息含量方面，两者的差异不是很大。

7. 地缘政治和突发事件

地缘政治和突发事件会对大宗商品价格造成短期冲击甚至改变其系统结构造成结构断点。张珣等（2008）通过借助断点检验和异常收益率统计等事件分析方法，分析了突发事件对油价的影响分析。作者分析得出短期影响在事件结束之后很快消失，而长期影响则可能导致油价结构性断点的出现。Zhang 等（2008）利用 EMD 方法对国际原油价格进行了分解、分析，作者采取对各成分单独预测再集成的策略，将实验分为三步——预测长期趋势项、对突发事件的影响进行定量评估、根据市场情况给出市场波动项的估计。分析结果表明国际原油价格主要由其内在的长期趋势、重大事件的影响和市场短期波动三方面构成，突发事件是造成中短期内油价剧烈波动的主要因素。

5.1.2 以原油为例的风险因素监测指标

我们以原油为例，对上述原油价格及其影响因素常用的分析指标和监测数据进行了归纳汇总，详见表 5.1。这可以为我们设计预测预警系统提供很多的帮助，帮助我们了解预测预警系统的监测变量和输入数据。

表 5.1 国际原油价格及其影响因素和监测指标

指标	指标定义	数据来源	代表的参考文献
原油价格	原油现货价格	美国能源信息署	部慧等（2008）
	WTI 原油期货价格	美国能源信息署、美国纽约商业交易所	部慧等（2008）
	布伦特原油期货价格	洲际交易所	Morana（2001）
原油供给	世界原油供给量	美国能源信息署	许伟等（2008），何小明等（2008b）
	OPEC 原油供给配额	OPEC	张文等（2008）
	全球原油储采比	《BP 世界能源统计年鉴》	何小明等（2008b）
	原油加工能力利用率	美国能源信息署	何小明等（2008b）
原油需求	世界原油总需求	美国能源信息署	许伟等（2008），何小明等（2008b）
	世界经济增长	各种机构发布的年度报告	许伟等（2008）
	中国经济预警指数	我国国家统计局	王志刚（2013）
	替代性能源需求量		王珏和鲍勤（2009）
原油库存	OECD 原油库存	OECD	许伟等(2008)，何小明等(2008b)，Ye 等（2005），庞叶等（2008）
	美国原油库存实际值	美国能源信息署和美国石油协会每周公布的美国原油库存实际值	部慧和何亚男（2011），Bu（2014）
	原油库存预期值	路透社在美国能源信息署公布之前的市场预期调查值	Bu（2014），部慧和何亚男（2011）
气候异常带来的需求冲击	异常程度天数：超冷天数和超热天数之和	芝加哥商品交易所天气衍生品的数据	Mu（2007），部慧等（2008）
美元汇率	美元指数	美联储	部慧和何亚男（2011），Bu（2014），蔡纯（2009）
	人民币兑美元的比价	中国人民银行	朱学红等（2015）
名义利率和通货膨胀率	消费价格指数，全球 GDP 平减指数	美国农业部	何小明等（2008a，2008b）
投机活动：基金持仓	非商业持仓净多头占比	商品期货交易委员会的交易商持仓报告	部慧和何亚男(2011)，Bu(2011)，蔡纯（2009），韩立岩和尹力博（2012）
市场联动	信息溢出效应	布伦特原油期货和现货与 WTI 原油期货和现货价格	陆凤彬和汪寿阳（2008）
地缘政治和突发事件	战争等	各种新闻报告	张珣等（2008），Zhang 等（2008）

我们以原油为例归纳监测预测原油价格波动时应该关注的指标和数据来源。对于原油价格，我们可以监测原油期货价格和原油现货价格。在大宗商品市场上，通常以原油期货价格作为定价基准，原油现货价格受原油期货价格引导。对于原油，国际期货市场上有两个代表性的期货，一个是在美国纽约商业交易所交易的WTI原油期货，一个是在洲际交易所交易的布伦特原油期货。这两个期货价格影响了全球的原油和石油化工产品的价格。美国能源信息署会提供WTI原油期货价格和原油现货价格数据，每个期货交易所也会提供数据。

供需关系是大宗商品价格影响因素中最为基础和重要的。对于原油供给，我们可以最直接观测的也是最方便观测的是世界原油供给量，该数据通常由美国能源信息署定期发布。世界原油供给量的政策很大程度上由OPEC的政策决定，所以我们还需要关注OPEC原油供给配额和政策调整等。OPEC成立的目的是协调和统一成员国石油政策和价格，确定以最适宜的手段来维护它们各自和共同的利益；并撤除有害和不必要的波动，策划出不同的方法来确保国际石油市场价格的稳定；给予产油国适度的尊重和必不可少而稳定的收入；给予石油消费国有效、经济而稳定的供应；给予石油工业投资者公平的回报。而影响原油供给的全球原油储量及和生产能力与效率有关的指标，如原油探明储量、全球原油储采比、原油加工能力利用率等指标相对来讲则没有那么重要。大量实证结果揭示这类指标在原油定价中发挥的作用不大。

在原油需求方面，最直接观测的指标是世界原油总需求，该指标在美国能源信息署的报告中会定期披露。而影响世界原油总需求的是世界经济增长，如各机构每年发布的年度报告中的各种统计数据，以及基于统计数据对未来的预测数据。随着中国对世界各种大宗商品的需求不断扩大，"中国因素"成为国际大宗商品市场上的重要影响因素，因此，中国的经济增长及对中国经济增长的预测值，都成为估计世界原油总需求的重要指标。关于中国经济增长的指标和相应的预测预警指标可以在我国国家统计局网站获取。此外，替代性能源需求量会影响对原油产品的需求量，如生物燃料等。各个国家会统计替代性能源的供给和需求量数据。

反映供需关系短期变动的原油库存是原油短期价格波动的最重要因素。原油库存的监测指标主要是全球库存，如OECD发布的OECD成员国的工业库存（简称OECD工业库存），以及对WTI原油期货价格最具影响的美国原油库存。美国能源信息署和美国石油协会每周公布美国原油库存实际值。Bu（2014）、部慧和何亚男（2011）提出影响原油期货价格短期波动的并不是实际库存变动，而是市场未预期到的原油库存变化，因此建议同时监测路透社在美国能源信息署公布实际库存数据之前的市场原油库存预期值。

对需求有特定冲击的事件中，文献中最经常采用的是由气候异常带来的需求冲击。这是因为美国等国家利用取暖油供暖并利用石油成品油提供动力制冷，若天气异常寒冷或异常炎热，那么所需要耗费的石油成品油就会增多，而对原油的需求也会突然增加。因此，文献中大多通过观测芝加哥商品交易所的天气衍生品数据，计算异常程度天数（超冷天数和超热天数之和），用于分析原油价格的季节性波动。

原油等大宗商品定价中一个十分重要的指标是反映货币价值和通货膨胀的指标。在对原油的绝大多数研究中，通常采用反映美元币值的美元汇率，如美元兑主要货币的美元指数，美联储会发布该指数；也有一些研究采用了美元兑某个货币的汇率。在对各类大宗商品现货价格的研究中，一些研究还会考虑通货膨胀因素，如物价指数、消费价格指数（consumer price index，CPI）或者 GDP 平减指数。还有些研究会考虑各个国家的名义利率。

随着原油金融属性的增强，投机活动已经不可避免地成为原油期货价格短期波动的重要因素之一。因为市场投机活动非常不容易追踪和度量，所以绝大多数的研究采用了美国的商品期货交易委员会定期发布的交易商持仓报告，并计算非商业持仓净多头占比来度量市场投机活动。

关注市场联动，我们需要主要关注对市场板块具有影响的价格和该市场板块内的大宗商品价格的关系。例如，如果我们分析石油化工品，那么我们需要关注两个对石化产品有重要影响的布伦特原油期货价格和现货价格与 WTI 原油期货和现货价格，关注期货价格如何引导现货价格。更进一步地，我们可以分析作为定价基准的两个期货价格，又如何影响了石油成品油，如汽油、柴油、取暖油、燃料油等产品的期货和现货价格。

我们还需要关注诸如战争等地缘政治和突发事件对原油供需关系带来的影响。要更好地掌握地缘政治因素，需要我们监测相关的各类新闻报告，从而保持信息的更新速度。

5.2　以铜为例的价格波动风险监测

5.2.1　以铜为例的大宗商品价格影响因素分析

铜作为有色金属中产量第二大的金属，已成为我国重要的战略储备原料。国际市场中铜的价格波动越来越剧烈，同时对全球铜定价权的争夺也越来越激烈。在对大宗商品价格波动的影响因素研究中，原油是学术界研究中最喜欢探讨的，也是研究工作最为丰富的。虽然与石油的研究工作相比，以铜为研究对象的工作在数量和细致程度上都相差较大，但在工业金属中，铜是业界和学界都广泛关注的，并且已经有一定的研究基础。

通过对文献的整理，我们可以了解到，对铜期货市场的研究主要集中在市场联动关系即价格发现问题的讨论上。有一部分工作涉及一些因素对铜价的影响，而且绝大多数是在讨论美元币值相关的汇率、利率因素对铜期货价格的影响；而我国的一些研究主要讨论通货膨胀因素对铜现货价格的影响，对铜期货价格的预测研究并不多。

基于我们对大宗商品市场的理解和已有研究成果，我们借鉴了对原油的风险因素分析的基本框架，从而汇总了铜价格波动的主要影响因素。这是因为，原油是所有大宗商品中公认的定价机制最为复杂的商品，而其他大宗商品的定价则较为简单。

铜期货价格的主要影响因素包括如下几类。

1. 供需关系的基本面因素

铜矿开采、加工生产等供给水平，国际经济增长和重要的铜进口国对铜的需求总量，仍然是决定国际铜价的最核心因素。21 世纪铜价因素中出现的一个重要影响因素是"中国因素"，即中国对铜的需求——中国进口量。随着我国经济的快速发展，"中国因素"对国际铜价波动的影响越来越重要。其影响大致经历了两个阶段：第一阶段是 1992~2000 年，铜价随着产铜制造业的衰落出现疲软，但和中国经济的关联程度却在增强。邓小平南方谈话对国际铜价产生明显的拉动作用。从铜价波动情况看，自 1993 年开始，铜价出现明显上行，1995 年达到高点，这与中国经济走势基本一致，"中国因素"初显锋芒。第二阶段是从 2000 年至今，中国加入世界贸易组织（World Trade Organization，WTO）以后制造业和建筑业的蓬勃发展导致铜消费量急剧上升，中国对铜的需求的增长是铜价上涨的主导因素，也是一个不利因素。例如，国内企业的购买行为曾被国际基金利用，形成突发性的需求，拉动铜价飙升。中国对全球铜市场供求格局的影响不断增强，铜价变化的"中国因素"日益明显。

中国科学院管理、决策与信息系统重点实验室的李艺等在政策研究报告《破解铜期市多空对决困局》中分析了"中国因素"及国际资本市场的炒作对铜价的推波助澜；在 2006 年的政策研究报告《高价时代中国铜业的内忧外患》分析了"中国需求"对国际高铜价的支撑作用，同时从我国铜业的产业和行业结构上分析了应对高铜价的举措。

2. 库存

就像我们分析原油市场一样，库存是市场供需关系的一个短期反映。各个国家的现货市场都有相应的仓库存储，国际上各大期货交易所也有相应的库存。像OECD 等国际机构会定期统计市场上的库存水平，用以评估短期供需关系。各大交易所的库存数据也是定期统计发布的。

3. 与美元币值及美国货币政策相关的因素

因为铜期货价格主要由伦敦金属交易所和纽约商品交易所（Commodity

Exchange Inc., COMEX)（纽约商业交易所后来与纽约商品交易所合并,都并入 CME ）来决定,以美元定价,所以美元的汇率和利率等对铜期货有重要影响。自然地,影响美元汇率和利率等标识美元币值的货币供给量等金融指标对铜价有重要的影响。

利率能够反映资金余缺情况,直接影响企业的资金成本,进而影响市场行为。Krichene（2008）认为商品价格的上涨和一般的相对低的利率及美元币值的实质贬值有关,商品价格的上涨即使不是全部原因,也是部分因为利率和美元币值的下降。

汇率是一个直接反映美元币值变化的因素。Choi 等（2011）根据 VAR 模型得出了美国货币政策和美元汇率对商品价格有显著与持久影响的结论。朱学红等（2015）分析得出汇率在短期内会对铜期货价格产生反向运动的冲击,但从长期来说,其对铜期货价格的反向引导作用会明显减退。

对利率和汇率起到决定作用的是主要经济体尤其是美国的货币政策,以及由此引起的全球通货膨胀。McCalla（2009）认为近年来美国推行的量化宽松货币政策在一定程度上推动了以美元计价的国际铜价格上涨。Belke 等（2014）利用 OECD 发布的季度数据,发现货币供给量是影响大宗商品价格的关键因素。这些货币政策,尤其是量化宽松的货币政策引起的全球通货膨胀会影响全球大宗商品的价格水平。

4. 投机因素

在铜期货市场上,仍然是以国际期货定价为基准对大宗贸易进行定价的,而其中伦敦金属交易所铜及 COMEX 铜期货价格是大家关心的重要铜期货合约。期货市场的投机活动,会使得价格变化更为复杂。李艺等（2008）利用商品期货交易委员会的交易商持仓报告研究了基金投机活动与国际上的铜期货价格波动的关系,实证结果揭示了基金持仓并不是铜价变化的主要原因,但却影响当期的铜价变化。基金实际上是市场的"趋势跟随者",他们会根据市场走势调整其头寸。

5. 市场联动

随着金融市场的不断完善,国际大宗商品间的价格联动效应越来越明显。高金余和刘庆富（2007）利用双变量指数广义自回归条件异方差（exponential generalized autoregressive conditional heteroscedastic, EGARCH ）模型对伦敦金属交易所的铜期货和上海期货交易所的铜期货市场间的信息传递效应进行了实证分析,结果表明两市场铜期货价格间存在相互引导关系。郑葵方和韩立岩（2008）利用多变量 EGARCH 模型对国内铜期货与国际铜期货市场的动态均衡关系进行了实证研究,发现两个市场间价格存在长期均衡关系,由世界铜供求因素引起的新信息会在两个市场间快速地传递。Sari 等（2010）研究发现国际市场上石油等能源类资源价格的波动也会逐渐影响金属价格。同时,国内学者近些年将石油价格作为研究铜期货价格变动的解释变量之一。

6. 地缘政治和突发事件

对铜而言，铜生产国的政治风险和行业动荡对铜价有重要影响。例如，中国科学院管理、决策与信息系统重点实验室的陆凤彬等在 2007 年的预测研究报告《商品期货市场 2006 年回顾与 2007 年展望》（陆凤彬等，2007）提及的智利铜矿工人罢工事件。尽管铜的期货价格受到地缘政治的影响不像原油那样强烈，但地缘政治、突发事件等仍然是铜等金属类大宗商品价格波动的重要因素。另外，经济危机、金融危机等对大宗商品市场也会造成冲击。中国科学院管理、决策与信息系统重点实验室 2009 年的政策研究报告《金融危机下 2009 年全球主要商品期货价格预测》（中国科学院管理、决策与信息系统重点实验室，2009）就特别分析了金融危机对大宗商品价格的影响。

5.2.2　以铜为例的风险因素监测指标

我们将对铜价有重要影响的一些因素进行详细整理，并将可用于监测的指标和数据来源汇总在表 5.2 中。铜期货价格的主要影响因素与原油期货价格的影响因素类似，只是比原油市场稍微简单一点。另外，国内更关注铜的现货价格，铜现货价格主要受期货价格引导，并且会受到各国的通货膨胀的影响。

表 5.2　国际铜价及其影响因素及监测指标

指标	指标定义	数据来源	代表的参考文献
铜期货价格	伦敦金属交易所三个月铜期货价格	伦敦金属交易所	朱晋（2004）
	COMEX 铜期货价格	COMEX	李艺等（2008）
	SHFE 铜期货价格	上海期货交易所	李艺等（2008）
铜现货价格	我国各地铜现货价格	行业协会、各期货公司等	一些机构报告，中科院预测科学研究中心系列政策报告，李艺等（2006），陆凤彬等（2007）
通货膨胀	我国的 PPI	国家统计局	一些机构报告
铜供给	全球铜产量	OECD	李艺等（2008）
铜需求	全球经济增长	OECD、IMF	中科院预测科学研究中心、MADIS 政策报告
	全球铜需求量	OECD、IMF	中科院预测科学研究中心、MADIS 政策报告
	中国的铜进口量	我国国家统计局	中科院预测科学研究中心、MADIS 政策报告
	中国经济增长预期	我国国家统计局等政府机构	中科院预测科学研究中心、MADIS 政策报告

续表

指标	指标定义	数据来源	代表的参考文献
铜库存	主要经济体的库存	OECD	中科院预测科学研究中心、MADIS 政策报告、李艺等（2006）、陆凤彬等（2007）
	交易所库存	伦敦金属交易所、COMEX 等	
美元币值	美国联邦基金利率	美联储	Krichene（2008）
	美元汇率指数	美联储	Choi 等（2011），朱学红等（2015）
	美国的货币政策：货币供给量	美联储	McCalla（2009），Belke 等（2014）
投机活动：基金持仓	非商业交易头寸占比	商品期货交易委员会的交易商持仓报告	李艺等（2008）
市场联动	PT、IS 等信息溢出效应指标	需要测算	韩立岩和郑葵方（2008），高金余和刘庆富（2007），Sari 等（2010）
地缘政治和突发事件等	罢工等	各国新闻	中科院预测科学研究中心、MADIS 政策报告

注：PPI（producer price index，生产价格指数）；SHFE（Shanghai Futures Exchange，上海期货交易所）；MADIS（Key Laboratory of Management, Decision and Information Systen CAS，中国科学院管理、决策与信息系统重点实验室）；PT 指价格发现研究中由 Gonzalo 和 Granger（1995）提出的永久短暂（permanent transitory，PT）模型；IS 指 Hasbrouck（1995）提出的信息份额（informaiton share，IS）模型

5.3 以橡胶为例的大宗商品价格影响因素分析

根据中国科学院管理、决策与信息系统重点实验室的陆凤彬等的预测研究报告《商品期货市场 2006 年回顾与 2007 年展望》（陆凤彬等，2007）及李艺等（2008）的相关工作，我们利用前面已经介绍的对大宗商品价格影响因素分析的逻辑和框架，对橡胶进行一些分析和讨论。

1. 橡胶的生产

在供给方面，由于橡胶是种植作物，就像农产品一样，会受到恶劣天气和自然灾害的影响，所有种植作物的产量都会更容易变化。橡胶的种类比较多，在分析时，我们通常需要关注天然橡胶和合成橡胶。在讨论橡胶现货价格时，我们除了要关注我国的橡胶产量，还要重点关注两类橡胶的进口量。因为，境外进口历来是中国橡胶供应的主要方面。

2. 对橡胶供给有重要影响的国际联盟

世界最大的三个橡胶生产国泰国、印度尼西亚和马来西亚已结成橡胶联盟——天然橡胶生产国联合会，这是一个具有卡特尔性质的垄断联盟。该联盟在继续坚持支撑天然橡胶价格的计划上达成一致，该计划要求在胶价跌至预定价格以下时采取干预行动。但天然橡胶生产国联合会同时会制定一个最高价格，以防止橡胶价格涨至过高水平时国际橡胶买主采购兴趣下降并转而使用合成橡胶。

3. 橡胶的需求

在讨论橡胶期货价格时，主要关注全球经济增长和全球对橡胶的消费增长。在讨论橡胶现货价格时，我们还要关注我国的经济增长速度、我国工业化格局，从而才能了解我国对橡胶消费的增长格局。例如，分析我国橡胶现货价格，我们需要关注以下因素：全球经济增长的周期，尤其作为拉动全球经济增长的两大发动机——中国和美国的经济增长速度；中国经济增长的速度和周期；中国所处的工业化时期；各类机动车产量的增长情况；公路运输里程的增长情况；我国经济建设的新因素，如 2007 年前后我国出现的建设社会主义新农村的新因素涌现。上述这些因素构成了橡胶的消费格局。

4. 橡胶的库存水平

分析期货价格我们需要关注全球的橡胶库存和各大交易所的橡胶库存。分析我国的橡胶现货价格，我们需要关注我国国内的橡胶库存水平及上海交易所的显性库存。

5. 美元汇率及美国的货币政策

由于绝大多数大宗商品都是由美国期货交易所的期货合约定价的，以美元计价。大宗商品受到美元币值的影响，这主要是美国的货币政策带来的。美联储的加息或者降息政策影响重大，它直接影响美元利率，从而影响美元汇率，这会导致大宗商品价格的变化。

6. 全球通货膨胀及各国对通货膨胀的调整政策

以我国为例，我国对国内多次出现的投资过热局面都进行了密切调控，出台了一系列政策和措施，以使相关商品价格出现不同程度的回落。因此，我们需要关注我国 PPI、CPI 等揭示通货膨胀的指标，同时关注国家的宏观调控政策。

7. 橡胶市场的投机活动

橡胶的投机活动虽然不像原油、铜等那么多，但是大宗商品市场通常是板块流动的，投机基金喜欢周期性炒作某些热门商品。所以，我们仍然需要关注商品期货交易委员会的交易商持仓报告，关注国际投机活动的资金流向和持仓等交易活动。

8. 地缘政治和突发事件

同样地,东南亚橡胶生产国的政治氛围、中国与这些国家的政治关系都对橡胶供给有重要冲击,需要密切关注。而恶劣气候、自然灾害等突发事件是对橡胶产量有重要影响的冲击事件。

5.4 资源能源品价格波动风险监测方案设计

根据本章对资源能源类大宗商品影响因素分析、监测指标的数据可得性及数据来源的探讨,加之对原油、铜、橡胶等大宗商品的分析,我们提出适用于资源能源品的价格波动风险监测方案及系统设计,如表 5.3 所示。

表 5.3 资源能源品价格波动风险监测的因素及指标

指标	指标定义	数据来源
商品价格	现货价格	数据库、监管部门、交易所
	期货价格	数据库、监管部门、交易所
其他商品价格	现货和期货价格	数据库、监管部门、交易所
供给	全球供给	国际机构
	生产国联盟的供给政策	产业联盟、行业协会
	生产能力	国际机构
需求	全球总需求	国际机构
	全球经济增长	各种机构发布的年度报告
	国内需求量	国家统计局、机构研究报告、各类数据库
	国内经济增长	国家统计局、各类数据库
	中国经济预警指数	国家统计局
	中国进口量	国家统计局、各类数据库
	替代能源需求量	我国能源消费总量数据
库存	主要经济体的库存	国际机构如 OECD 等
	关键国家的库存	美国、中国等有关部门的统计
	交易所库存	期货交易所
气候异常带来的需求或供给冲击	异常程度天数:超冷天数和超热天数之和	芝加哥商品交易所天气衍生品数据
	极端气候灾害	新闻报道
美元汇率、利率和通货膨胀	美元指数	美联储
	人民币兑美元的比价	上海期货交易所
	美国市场利率和货币供给量	美联储
	物价水平:全球 GDP 平减指数	美国农业部
	我国利率和货币供给量	国家统计局、各类商业数据库
	我国的通货膨胀	国家统计局、各类商业数据库

续表

指标	指标定义	数据来源
市场投机活动：基金持仓	非商业持仓净多头占比	商品期货交易委员会的交易商持仓报告
市场联动	信息溢出效应	需要根据市场数据测算
地缘政治和突发事件	战争、罢工等	各种新闻报告，互联网数据

第6章 资源能源价格风险的预测方法

6.1 预测方法的分类概述

关于预测的方法论可以按多种维度进行分类。从方法论差异上分类,目前主流的预测方法论包括计量经济学方法、统计学方法、时间序列分析方法、变换分解等数学方法、人工智能和机器学习的数据挖掘方法、混合预测方法、综合集成的预测方法等;除此之外还包括来源于物理、化学、工程等其他领域的一些方法,如系统动力学方法、分形理论和方法、灰色模型等。下面我们对这些方法论进行介绍。

1. 计量经济学方法

在预测中应用最多的计量经济学模型是多元线性回归模型、基于经济学系统的联立方程组、探讨多个经济变量动态关系的 VAR 模型和 VECM 等。

2. 统计学方法

统计学方法包括多种数据平滑预测方法,使用最多的是指数平滑(exponential smoothing, ES)方法。

3. 时间序列分析方法

时间序列分析方法中有两类模型使用得最多,一类是对序列自身变化情况进行刻画的 ARMA 模型。这一类模型应用广泛,除了标准的 ARMA 模型之外,还有适用于非平稳序列 ARIMA 模型及考虑季节效应的季节自回归移动平均(seasonal ARMA, SARMA)模型或季节自回归单整移动平均(seasonal ARIMA, SARIMA)模型。另一类是讨论序列波动情况的自回归条件异方差(autoregressive conditional heteroskedasticity, ARCH)模型族。这类模型族中有很多种模型形式,如 ARCH 模型、GARCH 模型、门限 ARCH(threshold ARCH, TARCH)模型、

EGARCH 模型、非对称 GARCH 模型等。此外，还有一些预测模型融合了机制转移过程等，如最常用的马尔可夫机制转换模型。

时间序列分析方法中对于存在季节特征或者周期特征的经济时间序列，有很多方法专门讨论季节效应问题，其中应用最多的是美国人口调查局（United State Census Bureau）提出的 X-11、X-11-ARIMA、X-12-ARIMA 等方法。

4. 变换分解等数学方法

为了更好地理解时间序列中的各种成分以实现更好的预测，时间序列方法中还提供了很多对数据变换、分解的方法和技术。例如，最传统的傅里叶变换、傅里叶分析，现在应用最多的小波变换（wavelet transform）、小波分析及谱分析如奇异谱分析（singular spectrum analysis，SSA）等。最初这些方法在信号处理等工程领域应用最多，目前已经逐渐应用于经济金融等时间序列的预测领域。这类数据分解的方法大多和统计学的平滑方法、时间序列分析模型等一起使用，以实现预测。

5. 人工智能和机器学习的数据挖掘方法

预测领域中应用最多的数据挖掘方法是神经网络和遗传算法，如人工神经网络和 BP 神经网络算法、支持向量机（support vector machine，SVM）等方法。

6. 混合预测方法

因为每种方法都有其优缺点，所以混合预测模型（hybrid models）成为近些年预测研究方法的主流。最常见的一些预测方法和模型包括以下几种：多元线性回归和 GARCH 族模型的混合预测模型，小波分析与滑动平均方法或 ARIMA 模型的混合预测方法，奇异谱分析与滑动平均方法或 ARIMA 模型的混合预测方法，小波神经网络、ARIMA 和人工神经网络的混合预测模型，奇异谱分析和 BP 神经网络的混合预测模型，等等。

7. 综合集成的预测方法

随着信息技术和各种方法技术的不断成熟，综合集成的预测方法越来越多地应用于经济预测领域中。其中，最为有名的是 Wang 等（2005）提出的 TEI@I 方法论。该方法论系统地融合了文本挖掘技术、计量经济学模型、智能技术，并将这一方法论应用到复杂动态市场价格的波动预测中，特别是对国际原油价格的预测取得了很好的预测效果。追随此方法论出现了一大批研究和实践工作。另外，还有一些学者试图对基于模型的预测和基于专家经验的预测进行综合集成，其中张文等（2011）根据国际原油市场构建了符合此思路的模型优选预测系统。

将上述我们根据方法论的差异对预测方法进行分类的结果表述在图 6.1 中。上述所有方法中，除最后两个方法外均为基本的预测方法和模型，而混合预测方法和综合集成的预测方法是在基础方法之上的方法论。基础方法中，如果将计量经济学模型和方法的界定范围放宽一点，可以将计量经济学方法、平滑方法等统计学方法和时间序列分析方法等均看成是计量经济学大类或者是统计学大类的方法。

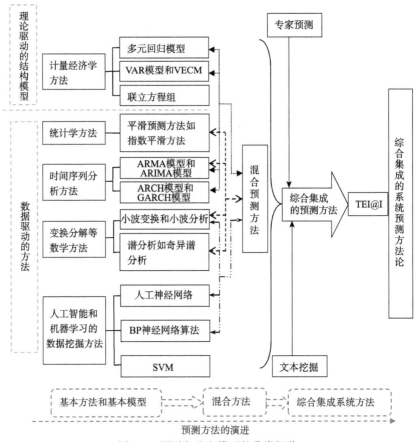

图 6.1　预测方法和模型的分类概览

　　还可以按照方法论特质上的差异将上述前五类基本方法分为两类：理论驱动的结构模型和数据驱动的方法。计量经济学模型就属于理论驱动的结构模型；而统计学方法、时间序列分析方法、变换分解等数学方法、人工智能和机器学习的数据挖掘方法都属于数据驱动的方法。

6.2　预测方法的比较

6.2.1　预测方法的差异性比较

正如我们在图 6.1 中所提及的，基础方法和模型可以分为理论驱动的结构模型和数据驱动的方法，这两大类方法最大的差别有如下几点。

1. 方法的侧重点不同

理论驱动的结构模型除了可以进行预测之外，最大的功能是帮助我们理解所要观察和分析的系统与系统里面的变量，使我们掌握其规律。这在经济学中非常有价值，因为只有充分理解经济系统的运行规律，了解经济变量之间的相互关系和相互作用机制，才能更好地进行经济调控并且理解经济政策的效果，从而让经济平稳发展。

数据驱动的方法大多致力于改善预测精度。当然，数据驱动的方法中不同方法之间也略有差异。统计学方法和时间序列分析方法能提供对于理解所观测变量本身的规律与特征的结果，但无法提供该变量与其所在系统中的其他变量关系的深入刻画。而人工智能和机器学习的数据挖掘方法，因为方法本身就像黑箱子，所以无法提供任何对于观测变量或者观测系统的知识，但非常有利于提高预测精度。

2. 方法能处理的数据特性不同

在实践中应用的计量经济学方法、时间序列分析方法大多都是应用线性模型。而变换分解等数学方法、人工智能和机器学习的数据挖掘方法则更善于处理数据的非线性等问题，因此在实践中被广泛采纳。

3. 方法所能应用的预测周期不同

对于短期预测，上述方法几乎均可使用，尤其是时间序列分析方法与人工智能和机器学习的数据挖掘方法会表现出更好的预测效果。对于中期预测，时间序列方法可能受限于模型设定，使得其不能够外推太多期进行预测；对于越远期的预测则预测误差越大。同样地，人工智能和机器学习的数据挖掘方法存在类似问题。对于中长期预测，计量经济学方法可能会表现出较好预测效果。对于长期乃至超长期预期，上述很多方法的预测效果都会变差。因为长期预测中会出现一个无法规避的问题，即经济系统的结构性变化也就是拐点的出现，目前对于结构断点的预测或拐点的预测仍是预测领域中亟待攻克的难题。一些分解变换的数学方法在提取数据趋势和周期性成分方面能提供一些帮助。对于长期乃至超长期预测，通常使用最简单的统计学外推方法，以及基于计量经济学模型的情景分析方法。这里我们只简述所提及方法在预测效果上差异的一般情况，该论述并不一定适用于所有经济变量或者所有时期。具体的方法或模型预测效果的比较分析，我们在6.2.2 节中进行详细介绍。

4. 方法能实现的功能不同

正如图 6.1 所示的，除了五类基本方法和模型外，近年来预测方法逐渐向混合模型乃至综合集成的系统预测方法演进。对比基础方法、混合方法和综合集成

系统方法,其差异性可以用下述文字进行类比:

　　"这有点像搭积木,基础方法和模型是积木块,而混合预测方法就像是积木块的拼接,而综合集成方法则更像是利用现有的积木块,再结合其他材料,根据设计,巧妙地将所有材料创造性的构建出最符合愿景、具有多种功能的作品。"

　　随着 TEI@I 方法论的提出,预测系统不仅可以提供更优的预测结果,还能实现对监测对象所在系统运行规律的理解、事件分析知识管理等多种功能。

6.2.2　在预测效果上的差异

　　在这里我们想强调,在预测领域,没有任何一种方法完全优于另外一种方法。预测方法和模型在预测效果上的差异,除了我们上述提起的预测周期的差异外,更依赖于预测对象的差异及所选取的分析样本期的差异。换言之,没有一劳永逸、永远占优的预测模型。

　　在实践中为了保证预测系统所提供的预测分析效果,科研人员需要根据分析对象和数据样本做大量实验,从而挑选适合所分析的研究对象的最优的预测模型,或者找到最合适的综合集成的方法,构建综合集成的预测结果。并且,随着时间的推移,一些模型的功效会改变,所以预测系统需要周期性地对后台的预测模型和方法进行再次的验证,修改必要的模型参数,甚至更新所使用的预测模型和方法。这是经济、金融预测实践中最常用的方式,也是被学界和业界普遍认可的工作模式。

　　接下来,为了更直观地展示不同模型和方法在预测效果上的差异,我们对文献中提及的模型和方法的预测效果进行了一个详细的比较分析,如表 6.1 所示。

表 6.1　文献中经常使用的一些主要模型和方法的预测效果比较分析

文献	预测方法	数据	模型预测效果
Ye 等（2005）	基于库存变量的多元线性回归模型	研究对象:WTI 原油现货价格,月度频率。主要变量:OECD 工业库存。样本期:1992 年 1 月至 2003 年 4 月的月度数据	加入库存变量的模型可以改善对原油价格样本外的预测值。文章比较了该模型和时间序列向量自回归基准模型在样本外 1 个月、2 个月、3 个月和 6 个月的效果,并且对比了该模型与时间序列 AR（p）模型和另外一个多元回归模型,结果显示目标模型最优
何亚男等（2008）	基于动态因子的多元回归模型	研究对象:WTI 原油现货价格,月度频率。主要变量:OECD 合成先行指数、股票价格、收入数据、Fama/French 基准证券组合收益、美国原油库存、美国汽油库存、美国馏分燃料油库存、炼油厂开工率。样本期:1995 年 1 月至 2006 年 11 月,数据来源于美国能源信息署	因子模型与 ARMA 基准模型相比,样本外误差均方差小于基准模型,并且在 5%置信水平上因子模型的样本外预测效果显著地好于基准模型

续表

文献	预测方法	数据	模型预测效果
何小明等（2008a）	VECM	研究对象：WTI 原油现货价格，年度频率。主要变量：全球 GDP 平减指数、海上进尺/（海上进尺+陆上进尺）、原油年底储量/原油年产量、OPEC 原油产量、原油加工量/原油加工能力、OECD 原油总库存。样本期：样本区间为 1986 至 2006 年	该工作揭示在构建 VECM 时合理选择滞后期的重要性。同时，提示了线性模型自身的局限性
舒通（2008）	变系数回归模型	研究对象：WTI 原油现货价格（以黄金价格代替），季度频率。主要变量：美国 GDP、OPEC 产量、OECD 库存。样本期：1985 年第一季度至 2008 年第一季度的季度数据	变系数回归模型相比于常系数模型，无论在拟合精度还是预测精度上都有所改善，并且比 ARIMA 模型的预测效果要好
Morana（2001）	GARCH 模型	研究对象：布伦特原油期货价格，日度频率，短期预测。样本期：1982 年 1 月 4 日至 1999 年 1 月 21。	GARCH 模型适合拟合原油期货价格波动
肖龙阶和仲伟俊（2009）	ARIMA 模型	研究对象：大庆原油现货价格，周度频率，短期预测。样本期：1997 年 1 月至 2009 年 6 月的每周均价。数据来源：美国能源信息署	选取 ARIMA（1,1,4）模型，模型误差偏离度在 7%范围内波动。但随着预测区间的延长，预测误差逐渐增大
胡爱梅和王书平（2012）	ARIMA，GARCH 模型	研究对象：WTI 原油现货价格，月度频率。样本期：1986 年至 2012 年 4 月的月度数据	利用 ARIMA（5,1,3）和 GARCH（1,1）模型分别对 2011 年 1 月至 2012 年 4 月的油价进行预测。结果表明，短期预测都比较合适，而长期预测 GARCH 模型更准确。综合预测效果来看，GARCH 模型的预测精度优于 ARIMA 模型
刘金培等（2011）	非线性时间序列分析模型	研究对象：WTI 原油价格，周度频率。样本期： 2009 年 1 月 2 日至 2010 年 11 月 19 日，周度数据，数据来源为美国能源信息署	针对具有非线性和不稳定性的时间序列，提出一种结合小波分解、滑动平均离散差分方程和马尔可夫方法的动态预测模型，此模型不但可以有效地预测时间序列的整体变化趋势，还能从细节上对其进行有效的刻画，而且比其他基于小波的预测模型具有更高的预测精度
王书平等（2009）	季节-谐波油价模型	研究对象：WTI 原油价格，布伦特原油价格，无铅汽油、柴油和汽油价格，月度频率。样本期：1986 年 6 月至 2006 年 7 月，月度数据	利用季节-谐波预测模型对五种油品——WTI 原油、布伦特原油、无铅汽油、柴油和汽油的月平均价格进行预测，同时与其他五种经典预测方法——ARIMA 模型、EGARCH 模型、指数平滑、Holt-Winter 等方法和逐步自回归的预测效果进行比较

续表

文献	预测方法	数据	模型预测效果
梁强等（2005）	小波分析	研究对象：布伦特原油价格，日度频率。样本期：1987 年 5 月 20 日至 2004 年 5 月 7 日的日度数据	利用小波多尺度分析的功能，可以保留比较稳定的长期影响因素，从而达到更准确地对油价长期趋势进行预测的目的。这种方法可以准确地提取油价的长期趋势，从总体上把握油价的非线性波动特征。将预测结果与 ARIMA、GARCH、Holt-Winter 等方法得到的结果进行了比较，反映了所建立的石油价格长期趋势预测方法的有效性
林盛等（2011）	多因素小波回归分析	研究对象：WTI 国际油价月度平均价格。样本期：2000 年 1 月至 2010 年 8 月的月度价格，数据来源于美国能源信息署	引入油价影响因素可以更加客观地解释油价的波动及趋势，将影响因素也同样进行小波分解能够更好地反映油价的变化规律。其预测模型相对于普通回归模型能提高预测精度
李成和周恒（2013）	EMD+FNN	研究对象：WTI 原油价格日数据。样本期：1986 年 1 月 2 日至 2012 年 8 月 7 日	说明了该预测模型在长期预测上的有效性，能够总体把握油价的趋势。所提出的改进方法比已有的基于 EMD 和 FNN 的方法在预测性能上有提升
王珏和鲍勤（2009）	小波分析+神经网络	研究对象：能源消费量。样本期：训练样本为 1980 年到 2005 年，测试样本为 2001 年至 2005 年	采用 RMSE、MAE 和平均相对误差这三个统计量考察神经网络的预测效果，与传统多元回归模型相比，小波分析+神经网络预测模型预测精度高，结果可靠，性能稳定，远期预测可靠性更高
庞叶等（2008）	小波神经网络	研究对象：WTI 国际油价月度平均价格。样本期：1992 年 1 月至 2003 年 3 月的 OECD 月度数据	无论样本内预测和样本外预测，小波神经网络模型与 Michael Ye 的线性和非线性模型相比，其拟合度和预测精度均得到很大提高
杨云飞等（2010）	SVM	研究对象：WTI 原油和布伦特原油现货价格，日度频率。数据样本：1987 年 5 月 20 日至 2007 年 2 月 1 日，日度数据	基于同样的数据集，讨论了 EMD-SVM-SVM 模型对原油价格的预测效果，并选择 Yu 等（2008）提出的 EMD-FNN-ALNN 模型、单一的 BP 神经网络模型和单一的 SVM 模型作为比较基准，对模型预测效果进行比较
李建立等（2014）	基于多因素 SVM 模型	研究对象：原油、成品油价格，周度频率。主要变量：投机力量（非商业持仓比例）、全球股市（MSCI 全球指数）、原油库存、美元汇率指数、黄金价格。数据样本：2002 年 6 月 11 日至 2012 年 9 月 4 日，周度数据	认为基于多因素 SVM 模型预测方法预测效果明显好于误差修正模型和自回归 SVM 模型

文献	预测方法	数据	模型预测效果
尚永庆等（2012）	Hull-White 模型和二叉树模型	研究对象：WTI 原油价格，周度频率。数据样本：为 1986 年 4 月 4 日至 2010 年 2 月 12 日，周度数据	通过 Hull-White 模型和二叉树模型来预测油价的波动区间。同时可以看到二叉树模型相对于 Hull-White 模型有两大优势：第一，Hull-White 模型要求上涨和下降概率相等或相近，而改进后的模型则无须局限于这一不符合实际的特定要求；第二，利用改进后的模型对油价波动范围进行预测它能预测出更为准确的异常波动区间，可以更合理地预测出油价波动风险的范围
梁强等（2008）	基于 PMRS 模型	研究对象：WTI 原油、普通汽油、燃料油，日度频率 数据样本：1986 年 1 月 2 日至 2005 年 5 月 10 日，日度数据	基于 PMRS 的期货加权油价多步预测方法具有更为优越的短期预报性能
李红权（2010）	区间计量方法	研究对象：WTI 原油期货价格，日度频率。数据样本：2005 年 11 月 7 日至 2009 年 10 月 29 日，日度数据	数据表明区间计量的准确度高于杠杆 GARCH（leverage GARCH, LARCH）模型的预测效果，区间计量预测的准确度提升了 10%~30%；从预测误差的角度，区间计量方法的相对误差更低，仅相当于 LARCH 模型预测误差的 50% 左右。更高的准确度与更低的预测误差表明区间计算与区间计量方法具有显著的优越性

注：RMSE（root mean square error，均方根误差），MAE（mean absolute error，平均绝对误差），MSCI（organ Stanley Capital International，摩根士丹利资本国际公司）PMRS（pattern modelling and recognition system，模式识别系统）

我们希望通过表 6.1 的汇总与比较，让读者更清楚地认识到我们在 6.2.1 节中提及的不同方法之间的差异具体体现在哪里，以及相对于预测效果而言到底有何影响。对应 6.2.1 节中总结性的问题，下面对方法差异性做进一步的分析评述。

1. 不同方法服务于不同的需求和目标

计量经济学模型更侧重于在理解系统运行规律、解释大宗商品价格变化原因的基础上提供预测推断，而诸如人工智能和机器学习的数据驱动的方法主要目的是预测。表 6.1 罗列的计量经济学模型的文献并不太多，远远少于我们在第 1 章提及的采用计量经济学模型分析原油等大宗商品价格的文献。这是因为计量经济学模型通常更多地用于发现影响大宗商品价格的因素，以及解释大宗商品的价格变化原因。所以，文献综述部分提及的很多工作中所建立模型的目的并不是预测而是解释。表6.1 列示的时间序列分析模型、小波分析、神经网络等方法主要目的就是预测。

2. 方法在不同的预测周期上有不同的表现

计量经济学模型更适用于中长期预测，而时间序列分析方法、分解技术和人工智能方法及基于它们的混合模型更适用于短期预测。表 6.1 列示的计量经济学模型通常用于月度数据、季度数据和年度数据，适用于中长期预测。时间序列分析模型绝大多数使用日度和周度频率数据，一般使用数据的最低频率为月度，该方法主要用于短期预测。小波分析是时间序列分析中的一种技术，所以所使用的数据频率与传统的时间序列分析方法类似，大多数采用日度、周度、月度频率的数据建模并进行短期预测。人工智能方法及结合分解技术和人工智能的混合方法大多也都建立在日度、周度、月度频率的数据基础之上建模并进行短期预测。

3. 不同方法预测效果的差异要综合评价

从表 6.1 中的总结及从表中所展示的数据驱动方法具体模型实例的预测结果比较看，人工智能的方法尤其是结合了数据分解技术和人工智能等方法的混合模型预测效果更优（何亚男等，2008；胡爱梅和王书平，2012；刘金培等，2011；王书平等，2009；梁强等，2005；林盛等，2011；李成和周恒，2013；王珏和鲍勤，2009；庞叶等，2008；杨云飞等，2010；李建立等，2014；梁强等，2008；李红权，2010）。这也证实了我们在 6.2.1 节中所提及的预测方法差异的第四点，即方法能实现的功能不同，为了不断提升预测效果，近年来预测方法逐渐向混合模型乃至综合集成预测的系统方法演进。

另外，仔细分析上述文献工作所示的不同模型预测效果的比较结果，我们可以发现，这些工作大多数是做短期预测，所以选择的对比基准模型均是时间序列分析模型，尤其是时间序列中最经典的 ARIMA 模型和 GARCH 模型族。预测效果的改进各个文献差异明显，改进最为明显的是刘金培等（2011），他们将预测的平均绝对百分比误差（mean absolute percentage error，MAPE）从 GARCH 模型的 11%左右降低到了小波-SDDEPM[①]-马尔可夫模型的 3%左右。这个工作对于预测效果的改进效果是由于用非线性模型与线性时间序列分析模型进行比较所带来的。这证实了我们在 6.2.1 节中对方法差异性比较总结的第二点，即方法能处理的数据特性不同。若方法能很好地处理数据的非线性模型，那么预测精度较线性模型可能就会有较大改善。

同时，我们发现大多数文献所提出的预测模型对于预测效果都有一定的改善。梁强等（2005）显示的小波方法相较于 ARIMA、GARCH 方法将预测的 RMSE 从5.99 降低至 2.61。李成和周恒（2013）利用 EMD 方法融合 FNN 的混合模型相较于FNN 将 RMSE 从 3.20 降低至 1.72。杨云飞等（2010）展示了混合模型 EMD-FNN-ALNN相较于对简单的 BP 神经网络预测模型将 MAPE 从 1.07 降至 0.067；而EMD-SVM-SVM 混合模型相较于 SVM 模型能将 MAPE 从 0.08 降至 0.0187。

这里需要说明的是，若复杂模型相较于简单模型的改进效果有限，那么在实际应用中就需要考虑模型的建模成本、运算成本与对预测精度改进需求和改进所带来的价值之间进行平衡。通常，实践中需要根据对预测精度的需求来选择最适合的模

---

① SDDEPM（slip discrete difference equation prediction model，滑动平均离散差分方程预测模型）。

型方法。如果最简单的模型已经能够达到既定的要求，并且模型预测精度改进如1%或者 0.1%的实际价值如果远小于为了做此改进所需要的模型开发成本和模型运算的成本，那么这时选择精简模型是合适的。如果简单模型达不到既定要求，或者模型开发成本可以接受，那么就需要选择复杂模型。总之，实践中的一般情况是从简至繁，逐渐检验模型效果，最终实现模型效果和模型成本的平衡。

6.3 大宗商品预测模型及预测系统推荐

根据 6.1 节和 6.2 节对方法的比较分析，接下来我们重点推荐对于大宗商品分析最有价值也最值得关注的几种分析方法。

人工智能的数据挖掘方法近年来发展迅速，很多文献中提及人工智能方法构建的预测模型诸如计量经济学模型或者时间序列分析模型均提供了更好的预测精度，降低了预测误差。可是，由于人工智能方法是通过各种人工神经网络算法来不断地训练模型以提高预测精度，如图 6.2 所示，即通过对训练样本的输入和输出的不断训练，以获得对输出的最优拟合，从而提高预测精度。这使得人工智能方法类似于一个黑箱子，我们很难去理解黑箱子里面究竟发生了什么。所以这类方法虽然在预测中发挥作用，但是却不能提供我们对经济系统的理解，对政策分析不能提供支持。

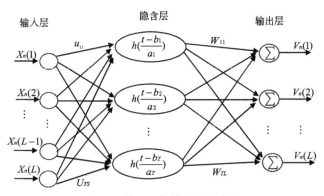

图 6.2 神经网络模型的示意图

为了理解经济系统的运行，我们仍需要使用计量经济学模型，如基于因素分析的多元回归模型和 VAR、向量误差修订模型等。为了改善预测效果，在因素分析环节，除了经济理论分析之外，很多数据挖掘的分析工具也都被大量使用，如许伟等（2008）提出应用一种基于粗糙集和神经网络的混合方法，定量分析研究原油价格中长期的主要影响因素。张文等（2008）采用了 LSI 技术，通过使用层次聚类算法对输入数据进行聚类，从而讨论影响因素。并且，因素变量在时间序列上的关系也被讨论，以获得影响因素和被解释变量之间的领先滞后关系，将景气分析中领先变量的思想加入预测模型的研究中，从而改善计量模型的预测效果。例如，张文等（2012）提出的对国际油价构建多元线性模型时应采取的方式（图4.2），就值得我们采纳。

混合模型是近年来预测模型的主流，其中小波神经网络模型结合了小波变换的局部化性质和神经网络的自学习能力的优势，可以更好地揭示出变量之间的非线性关系，具有较强的逼近和容错能力、较快的收敛速度和较好的预测效果，是短期预测的好方法。小波神经网络把小波理论和 FNN 结合在一起，在解决其他神经网络中遇到的低收敛性甚至发散的问题中体现出惊人的优势。

我们最想推荐的是综合集成的系统预测方法。Wang 等（2005）提出的 TEI@I 方法论在大宗商品预测和行业板块预测上有大量应用，该方法论体系由几大模型支持：知识管理的技术支持下形成的数据库和数据库管理模块、计量经济学和时间序列分析等线性预测模块、基于 ANN 的非线性预测模块、基于网络文本的挖掘模块、基于规则的专家系统模块及将几类预测模块相互联结的人机交互模块，如图 6.3 所示。TEI@I 方法论系统地融合了文本挖掘技术、计量经济学模型、智能技术，并将这一方法论应用到复杂动态市场价格的波动预测中，特别是对国际原油价格的预测取得了很好的预测效果。

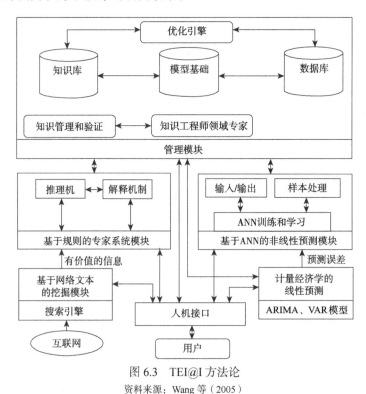

图 6.3　TEI@I 方法论

资料来源：Wang 等（2005）

TEI@I 方法论有大量的研究追随，并且不断扩展了该方法论在各个领域中的应用。例如，闫妍等（2007）基于 TEI@I 的方法论，将粗糙集分析方法和景气分析中寻找领先指标的思想加入线性多元回归模型的建模方法中，并针对行业数据可能存在的小样本情况，将灰色模型引入预测模型体系中，从而提出了 TEI@I 方法论在房地产行业预测中的一个具体应用模型方法（图 6.4）。张文等（2011）在 TEI@I 方法论的基础上，详细讨论了专家系统与定量预测模型之间如何进行综合集成的问题，从而提出了对于国际原油价格预测模型优选系统的原型（图 6.5），该方法论已经被用于中科院预测中心的服务于企业的国际原油价格预测系统的实践当中。

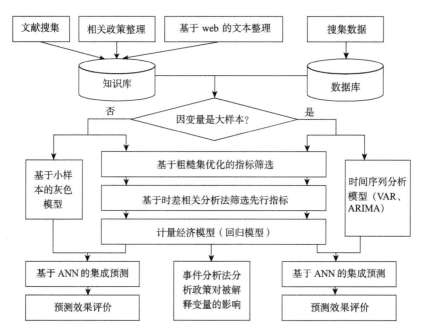

图 6.4　闫妍等（2007）基于 TEI@I 方法论并在建模方法上对其进行的改进

因此，我们建议实践中若开发对资源能源等大宗商品监测管理的平台系统时，采用 TEI@I 方法论，并且参考所有对该方法论在建模方法、人机交互方法、专家系统综合集成方法等方面改进的工作，从而不断完善这类方法，做到经济理论、计量经济学模型、人工智能模型、互联网技术、大数据分析技术、数据库技术、专家意见等知识管理各方面的综合集成，从而使分析平台不仅有利于对资源能源的监测、预测，还能更好地帮助我们理解经济金融系统的运行，并且使其对政府政策分析等提供辅助支持和帮助。

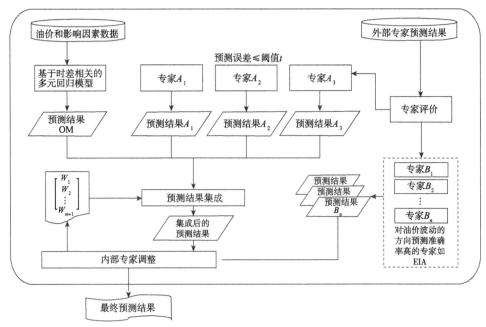

图 6.5 张文等（2011）提出的季度国际原油价格预测模型优选系统原型

第7章 基于计量模型和时间序列分析的价格波动预测——以铜和天然橡胶为例

7.1 以铜为例的价格预测模型构建

为了证实我们所推荐的 TEI@I 方法论在资源能源等商品上有效, 我们以铜和天然橡胶为例, 利用实际数据进行各种模型的构建, 并分析各个预测模型的预测效果。

7.1.1 基于线性回归模型的铜期货价格预测

为了探讨铜期货价格波动的短期影响因素, 我们基于月度数据建立线性回归模型。数据总样本期选取 2010 年 3 月至 2016 年 6 月的交易日月度数据, 其中建模样本为 2010 年 3 月至 2016 年 3 月, 样本外测试样本为 2016 年 4 月至 2016 年 6 月三个月的数据。我们要分析和预测的是铜期货价格, 表 7.1 汇报了建模样本区间铜期货价格及其对数收益率的描述性统计结果[①]。我们根据第 2 章中搜集整理的监测指标, 在假设长期供给和需求基本不变的情况下, 专注于探讨铜期货价格的短期波动。最终, 我们采用了表 7.2 中的短期因素进行建模。使用 ADF 单位根对各变量进行检验, 除非商业净多头比率外, 对其他变量进行了对数化处理, 结果显示除库存量为 2 阶单整外其余变量均为 1 阶单整。

---

① 所构建的样本区间共包含 73 个观察值。

表 7.1 铜期货价格与收益率的描述统计

统计量	价格	收益率
均值	53 393.15	10.868 6
最小值	34 820	10.458 0
最大值	73 300	11.202 3
标准差	9 694.38	0.186 8
峰度	2.604 1	2.659 1
偏度	0.078 4	−0.354 5
Jarque-Bera 统计量	0.551 4	1.882 5
p 值	0.759 0	0.390 1

表 7.2 铜期货价格影响因素的平稳性检验

变量和因素	变量标识	ADF 检验	p 值
对数价格	$\ln(P_t)$	−0.5649	0.8711
收益率	R_t	−9.2054	0.0000
库存量	Inventory	−2.3542	0.1584
库存量变化	$D(\text{Inventory})$	−3.7678	0.0050
美元汇率	Exchange	−2.3635	0.1556
美元汇率变化	$D(\text{Exchange})$	−10.4918	0.0001
美元利率	Interest	−1.8228	0.3667
美元利率变化	$D(\text{Interest})$	−5.6343	0.0000
进口量	Import	−3.0420	0.0358
出口量	Export	−4.6957	0.0002
非商业净多头比率	NPNL	−3.1283	0.0288

注：$D(\cdot)$ 表示 1 阶差分

为进一步分析各因素与铜价相互影响的程度和时差关系。建立多元回归模型，自变量的个数及滞后阶数的调整遵从"系数显著，调整 R^2 有所提高"及用领先滞后关系确定。从表 7.3 的分析结果看，汇率和进口量是领先变量。库存和非商业净多头利率是期货价格的同期变量。利率、出口量都是滞后变量。为了构建预测模型，我们只选择领先变量和当期变量建模，将铜期货收益率的回归模型设定为

$$R_t = c_0 + c_1 D(\text{Inventory}_t) + c_2 D(\text{Exchange}_{t-1}) + c_3 \text{Import}_{t-11} + c_4 \text{NPNL}_t + \varepsilon_t \quad (7.1)$$

其中，R_t 表示铜期货价格对数收益率；Inventory_t 表示铜库存；Import_t 表示铜进口量；Exchange_{t-1} 表示汇率；NPNL_t 表示非商业净多头比率；$D(\cdot)$ 表示 1 阶差分运算。对铜期货价格对数收益率进行预测的模型估计结果如表 7.4 所示。

表 7.3 铜期货价格影响因素的领先滞后关系分析

影响因素	滞后阶数
汇率	-3
利率	+6
进口量	-11
出口量	+6
非商业净多头比率	0
库存	0

注：+表示影响因素是滞后变量，滞后于期货价格的变化；-表示影响因素是领先变量，先于期货价格的变化而变化；0表示变量是同期变化的

表 7.4 铜期货价格回归模型的估计结果

变量	系数估计	t 统计量	p 值
c_0	-0.0745	-2.4486	0.0174
$D(\text{Inventory}_t)$	-4.93×10^{-7}	-2.9919	0.0041
$D(\text{Exchange}_{t-1})$	0.1435	1.7195	0.0910
Import_{t-11}	2.47×10^{-7}	2.2552	0.0280
NPNL_t	0.1077	2.0706	0.0429
调整 R^2	0.1678		
DW 统计量	2.3590		
LM 统计量的 p 值	0.0014		
White 检验的 p 值	0.2009		

对样本内的铜期货价格进行估计，得到样本区间内即 2010 年 3 月至 2016 年 3 月的拟合结果，并对其后三个月的铜期货价格进行预测，得到样本外预测结果。我们用评估预测效果的 RMSE、MAE、MAPE 来评价预测模型，结果如表 7.5 所示。该模型样本内 MAPE 是 3.13%左右，可以看出计量模型样本期内拟合效果较好。该预测模型样本外预测误差 MAPE 约为 5.63%。预测精度显示，无论是样本内的拟合情况还是样本外的预测情况，该回归模型的预测精度均在 94%以上，因此我们建立的对铜期货价格的预测模型是可以接受的。

表 7.5 铜期货价格的回归模型样本内和样本外的预测效果

评价预测模型	样本内	样本外
RMSE	2343	2401
MAE	1595	2099
MAPE	3.1319%	5.6304%

注：样本内观测值数量为 62 个，样本外观测值数量为 3 个

7.1.2 基于时间序列分析模型的铜期货价格预测

我们基于 2010 年 3 月至 2016 年 3 月的上海期货交易所的铜期货合约的日度价格数据，对铜期货价格日度收益率序列建立 ARMA（1,1）模型来预测 2016 年 4 月至 2016 年 6 月的铜期货价格。ARMA（1,1）模型的估计结果如表 7.6 所示。对样本内的铜期货价格日度数据进行估计，得到样本区间内即 2010 年 3 月至 2016 年 3 月的日度估计结果；并对样本外的铜期货价格日度数据进行预测，得到样本外预测结果。同样地，我们用 RMSE、MAE、MAPE 评估预测模型，铜期货价格预测 ARMA（1,1）模型的预测误差结果如表 7.7 所示。该模型样本内的预测误差 MAPE 是 0.84% 左右，可以看出计量模型样本期内拟合效果较好。铜期货价格 ARMA 模型的样本外预测误差 MAPE 约为 0.8%。预测精度显示无论是样本内拟合情况还是样本外的预测情况，该回归模型的预测精度均在 99% 以上，因此我们建立的这个 ARMA（1,1）模型是可以接受的，其预测效果较好。

表 7.6   铜期货价格日度收益率序列的 ARMA（1,1）模型估计结果

变量名称	系数估计	标准误	z 统计值	z 统计值的 p 值
C	−0.0003	0.0003	−1.0117	0.3119
AR（1）	−0.3728	0.1757	−2.1219	0.0340
MA（1）	0.3213	0.1806	1.7791	0.0754
调整 R^2	0.0066			
DW 统计量	2.0086			
LM 统计量的 p 值	0.3689			

表 7.7   铜期货价格 ARMA（1,1）模型的样本内和样本外预测效果

评价预测模型	样本内	样本外
RMSE	655.6174	375.0989
MAE	451.1253	290.6734
MAPE	0.8436%	0.8002%

注：观测值数量样本内观测值数量为 1478 个，样本外观测值数量为 61 个

7.1.3 基于 VAR 模型的铜期货价格分析

为了进一步探讨变量之间的动态影响关系，我们将铜期货价格收益率、库存量、进口量、出口量看作内生变量，其余影响因素变量设为外生变量，构建 VAR 模型。VAR 模型仍采用月度数据，模型参数根据最优参数标准进行选择。最终 VAR 模型的估计结果如表 7.8 所示。从表 7.8 中第二列的结果可见，铜期货价格收益率序列具有自相关性，受前一期铜期货价格收益率的影响；非商业净多头比率成为铜期货价格收益率的重要影响变量。从第三列对铜库存的分析来看，铜库

存同样有自相关性，受前一期库存变动的影响；同时，受前一期铜出口量和前三期铜期货价格收益率的影响。铜进口量同样具有自相关性，受之前铜进口量的影响，同时受前两期的铜期货价格收益率、前三期的铜库存变化、前一期的铜出口量的影响。出口量也具有自相关性，受前一期铜出口量影响，同时受到前两期和前三期的铜期货价格收益率、前三期铜进口量和当期汇率的影响。我们构建 VAR 模型的这些变量相互作用和影响，从而形成了一个动态的变化系统。

表 7.8　铜期货价格收益率和影响因素的 VAR 模型估计结果

变量	R_t	$D(\text{Inventory}_t)$	Import_t	Export_t
R_{t-1}	−0.360 2	115 883	−15 268	47 793
	[−2.664]***	[1.500]	[−0.137]	[1.583]
R_{t-2}	−0.172 6	67 501	−243 426	65 643
	[−1.324]	[0.906]	[−2.259]**	[2.253]**
R_{t-3}	−0.194 3	130 640	−173 622	60 565
	[−1.528]	[1.798]*	[−1.653]	[2.133]**
$D(\text{Inventory}_{t-1})$	1.10×10^{-8}	0.496 1	−0.083 7	0.022 5
	[0.044]	[3.461]***	[−0.404]	[0.402]
$D(\text{Inventory}_{t-2})$	7.09×10^{-8}	0.129 905	−0.222 9	0.023 3
	[0.255]	[0.819]	[−0.971]	[0.376]
$D(\text{Inventory}_{t-3})$	-2.69×10^{-7}	0.123 9	0.467 2	0.094 2
	[−1.097]	[0.883]	[2.304]**	[1.718]
Import_{t-1}	-4.73×10^{-8}	−0.066 9	0.522 2	−0.033 6
	[−0.323]	[−0.800]	[4.316]***	[−1.027]
Import_{t-2}	-2.54×10^{-8}	−0.066 0	0.236 8	0.006 4
	[−0.144]	[−0.653]	[1.621]	[0.163]
Import_{t-3}	3.82×10^{-8}	0.121 7	0.300 2	0.091 9
	[0.247]	[1.373]	[2.342]**	[2.652]**
Export_{t-1}	-1.73×10^{-7}	0.522 8	−0.965 4	0.481 7
	[−0.348]	[1.843]*	[−2.354]**	[4.345]***
Export_{t-2}	-1.16×10^{-8}	−0.424 6	−0.162 0	−0.129 0
	[−0.020]	[−1.291]	[−0.341]	[−1.004]
Export_{t-2}	3.51×10^{-7}	0.063 3	0.229 3	−0.186 0
	[0.682]	[0.216]	[0.540]	[−1.621]
NPNL_t	0.214 5	−217 16	−27 053	−7 785.1
	[3.294]***	[−0.584]	[−0.503]	[−0.535]
$D(\text{Exchange}_t)$	−0.114 9	342 14	−11 524	94 505
	[−1.231]	[0.641]	[−0.149]	[4.529]***

续表

变量	R_t	$D(\text{Inventory}_t)$	Import$_t$	Export$_t$
$D(\text{Interest}_t)$	0.451 5	83 833	−253 438	−95 462
	[1.418]	[0.461]	[−0.964]	[−1.342]
R^2	0.305 4	0.539 6	0.673 6	0.608 0
调整 R^2	0.125 4	0.420 3	0.589 0	0.506 3
残差平方和	0.133 7	4.37×10^{10}	9.13×10^{10}	6.67×10^{9}
标准误	0.049 8	28 434	41 108	11 115
F 统计量	1.696 2	4.521 2	7.959 8	5.981 8
对数似然值	117.59	−797.07	−822.50	−732.26
Akaike AIC	−2.973 6	23.538	24.275	21.660
Schwarz SC	−2.488 0	24.024	24.761	22.145
对数似然值（整体）	−2 229.231			
Akaike AIC（整体）	66.354 51			
Schwarz SC（整体）	68.297 21			

注：AIC（Akaike information criterion，赤池信息量准则），SC（Schwarz criterion，施瓦茨准则）

***、**、*分别表示在 1%、5%、10%的显著性水平下显著

7.2 以天然橡胶为例的价格预测模型构建

7.2.1 基于线性回归模型的天然橡胶期货价格预测

为了探讨天然橡胶期货价格波动的短期影响因素，我们基于上海期货交易所的天然橡胶期货合约的月度数据建立线性回归模型。数据总样本期选取 2011 年 2 月至 2016 年 6 月天然橡胶期货连续合约的月度数据，其中建模样本为 2011 年 2 月至 2016 年 3 月，样本外测试样本为 2016 年 4 月至 2016 年 6 月三个月的数据以检验预测模型准确性。我们要分析和预测的是天然橡胶期货价格。表 7.9 汇报了建模样本区间天然橡胶期货价格及其对数收益率的描述性统计结果[①]。我们根据搜集整理的监测指标，在假设长期供给和需求基本不变的情况下，专注于探讨天然橡胶期货价格的短期波动。最终我们采用了表 7.10 中的短期因素进行建模。使用 ADF 单位根对各变量进行检验，除进口量外对其他变量进行了对数化处理，结果显示除进口量、库存量平稳之外其余变量均为 1 阶单整。

---

① 所构建的样本区间共包含 61 个观察值。

表 7.9 天然橡胶期货价格与收益率的描述统计

统计量	价格	收益率
观察值数量/个	61	61
均值	19 883	−0.021 5
最小值	9 525	−0.168 2
最大值	39 800	0.134 4
标准差	8 150.020 0	0.078 4
峰度	2.345 1	2.200 2
偏度	0.648 5	−0.022 4
Jarque-Bera 统计量	5.453 8	1.630 9
p 值	0.065 4	0.442 4

表 7.10 天然橡胶期货价格影响因素各变量的平稳性检验

变量和因素	变量标识	ADF 检验	ADF 的 p 值
对数价格	$\ln(P_t)$	−1.4143	0.5696
收益率	R_t	−7.2729	0.0000
库存量	Inventory	−4.2740	0.0011
美元汇率	Exchange	−2.5958	0.0994
美元汇率变化	$D(\text{Exchange})$	−9.6825	0.0000
美元利率	Interest	−1.4530	0.5504
美元利率变化	$D(\text{Interest})$	−5.0610	0.0001
进口量	Import	−4.7854	0.0002

注：$D(\cdot)$ 是 1 阶差分

为进一步分析各因素与天然橡胶期货价格相互影响的程度和时差关系。建立多元回归模型，自变量的个数及滞后阶数的调整遵从"系数显著，调整 R^2 有所提高"及用变量间的领先滞后关系确定。变量间的领先滞后关系结果如表 7.11 所示，结果显示汇率、进口量和库存量是天然橡胶期货价格的领先变量，利率是滞后变量。为了构建预测模型，我们只选择领先变量和当期变量建模，回归模型设定为

$$R_t = c_0 + c_1 \text{Inventory}_{t-16} + c_2 D(\text{Exchange}_{t-4}) + c_3 \text{Import}_{t-11} + \varepsilon_t \quad (7.2)$$

其中，R_t 表示天然橡胶期货价格对数收益率；Inventory_t 表示天然橡的库存，$D(\text{Exchange}_t)$ 表示美元汇率变化；Import_t 表示天然橡胶进口量。天然橡胶期货价格的回归模型的估计结果如表 7.12 所示。

表 7.11 天然橡胶期货价格影响因素的领先滞后关系分析

影响因素	滞后阶数
汇率	−4
利率	+1
进口量	−11
库存量	−15

注：+表示影响因素是滞后变量，滞后于期货价格的变化；−表示影响因素是领先变量，先于期货价格的变化而变化

表 7.12 天然橡胶期货价格回归模型的估计结果

变量	系数估计	z 统计量	p 值
c_0	$-0.102\ 154$	$-1.864\ 598$	0.070
Inventory$_{t-16}$	-4.05×10^{-7}	$-2.125\ 135$	0.040
$D(\text{Exchange}_{t-4})$	$0.328\ 945$	$2.604\ 162$	0.013
Import$_{t-11}$	7.27×10^{-7}	$3.393\ 937$	0.002
调整 R^2	$0.295\ 135$		
DW 统计量	$2.315\ 092$		
LM 统计量 p 值	$0.001\ 400$		
White 检验 p 值	$0.200\ 900$		

对样本内的天然橡胶期货价格月度数据进行估计，得到样本区间内即 2011 年 2 月至 2016 年 3 月的月度估计结果；并对样本外的月度期货价格进行预测，得到样本外预测结果。我们用 RMSE、MAE、MAPE 评估预测模型，天然橡胶期货价格预测的回归模型的预测误差结果如表 7.13 所示。该回归模型样本内的 MAPE 是 6.75%左右，可以看出计量模型样本期内拟合效果较好。该回归模型在样本外的 MAPE 约为 7.69%。预测精度显示无论是样本内拟合情况还是样本外的预测情况，该回归模型的预测精度均在 92%以上，因此我们建立的这个预测模型是可以接受的。

表 7.13 天然橡胶期货价格回归模型的样本内和样本外的预测效果

评价预测模型	样本内	样本外
RMSE	1460.374	1060.551
MAE	1096.058	891.160
MAPE	6.753%	7.687%

注：样本内观测值数量为 46 个，样本外观测值数量为 3 个

7.2.2 基于时间序列分析模型的天然橡胶期货价格预测

我们以 2011 年 2 月至 2016 年 3 月天然橡胶期货日度收益率序列数据建立 ARMA（1,1）模型来预测 2016 年 4 月至 2016 年 6 月天然橡胶的期货价格。模型的估计结果如表 7.14 所示。利用该模型对样本内的天然橡胶期货价格日度数据进行估计，得到样本区间内即 2011 年 2 月至 2016 年 3 月的日度估计结果；并对样本外的天然橡胶日度期货价格进行预测，得到样本外预测结果。同样地，我们用 RMSE、MAE、MAPE 评估预测模型，天然橡胶期货价格预测 ARMA 模型的预测误差结果如表7.15 所示。该模型样本内的预测误差 MAPE 是 1.18%左右。该模型

样本外的预测误差约为 1.89%。预测精度显示无论样本内拟合情况还是样本外的预测情况，该回归模型的预测精度均在 98%以上，因此我们建立的这个预测模型是可以接受的，且预测效果较好。

表 7.14　天然橡胶期货价格日度数据的 ARMA（1,1）模型结果

变量名称	系数估计	标准误	z 统计值	p 值
C	-0.000 306	0.000 302	-1.011 672	0.311 9
AR（1）	-0.372 807	0.175 692	-2.121 933	0.034 0
MA（1）	0.321 297	0.180 599	1.779 065	0.075 4
调整 R^2	0.004 560			
DW 统计量	2.006 552			
LM 统计量的 p 值	0.547 000			

表 7.15　天然橡胶期货价格 ARMA（1,1）模型的样本内和样本外的预测效果

评价预测模型	样本内	样本外
RMSE	330.5113	284.8554
MAE	223.0410	212.0110
MAPE	1.1804%	1.8931%

注：样本内观测值数量为 1251 个，样本外观测值数量为 62 个

7.2.3　基于 VAR 模型的天然橡胶期货价格分析

为了进一步探讨变量之间的动态影响关系，我们将橡胶期货价格收益率、库存量、进出口量看作内生变量，其余影响因素变量设为外生变量，构建 VAR 模型。VAR 模型仍采用月度数据，模型参数根据最优参数选择标准选择。最终 VAR 模型的估计结果如表 7.16 所示。从表中第二列的结果可见，橡胶期货价格收益率序列不存在自相关，前一期的进口量和当期的美元汇率是橡胶期货价格收益率的重要影响变量。从第三列对橡胶进口量的分析来看，橡胶进口量存在自相关效应，主要受前一期橡胶进口量影响。库存量同样具有自相关性，受前期库存量影响，同时前一期的进口量是库存的重要影响因素。VAR 模型能探讨这些变量之间的相互作用和影响，从而将这些变量构建成一个动态变化的系统，以便探讨橡胶期货价格动态演变过程。

表 7.16　橡胶期货收益率和影响因素的 VAR 模型估计结果

变量	R_t	Import$_t$	$D(\text{Inventory}_t)$
R_{t-1}	0.016 9	59 071	-48 279
	[0.119]	[0.587]	[-1.812]*
R_{t-2}	-0.087 3	-452 60	6 713.6
	[-0.646]	[-0.471]	[0.264]

续表

变量	R_t	$Import_t$	$D(Inventory_t)$
$Import_{t-1}$	-4.45×10^{-7}	0.842 8	0.117 2
	$[-2.217]^{**}$	$[5.906]^{***}$	$[3.103]^{***}$
$Import_{t-2}$	3.22×10^{-7}	0.105 8	0.039 4
	[1.261]	[0.582]	[0.820]
$D(Inventory_{t-1})$	6.10×10^{-7}	-0.298 7	1.351 9
	[1.106]	[-0.762]	$[13.03]^{***}$
$D(Inventory_{t-2})$	-6.22×10^{-7}	0.350 3	-0.550 8
	[-1.34 7]	[1.068]	$[-6.345]^{***}$
$D(Exchange_t)$	-0.243 3	5 683	14 933
	$[-1.695]^{***}$	[0.056]	[0.553]
$D(Interest_t)$	0.416 5	-41 034	-4 346.5
	[0.886]	[-0.123]	[-0.049]
R^2	0.157 4	0.046 5	0.930 0
调整 R^2	0.041 7	-0.084 4	0.920 4
残差平方和	0.307 6	1.55×10^{11}	1.09×10^{10}
标准误	0.077 7	55 173	14 601
F 统计量	1.360 9	0.355 0	96.844 0
对数似然值	71.353 0	-723.590 0	-645.160 0
Akaike AIC	-2.147 6	24.800 0	22.141 0
Schwarz SC	-1.865 9	25.082 0	22.423 0
对数似然值（整体）	-1296.1820		
Akaike AIC（整体）	44.7519		
Schwarz SC（整体）	45.597 0		

***、**、*分别表示在 1%、5%、10%的显著性水平下显著

第8章 基于优选模型的季度国际油价预测系统构建

8.1 引　　言

　　季度油价预测在实际预测工作中有重要的实用价值。其结果可以用来修正月度油价预测值，以及结合年度预测来刻画一年内的油价波动。正因为如此，美国能源信息署每月初发布的《短期能源展望》不但会提供年度油价预测结果，还会提供上年和下年的季度油价预测值。影响油价的因素往往缺少月度数据，或月度数据更新滞后期较长，所以在实际预测中，月度油价预测模型多采用基于石油价格的时间序列分析模型。时间序列分析模型基于历史油价对未来进行预测，因此当油价波动的趋势明显或价格波动率较小时，时间序列分析模型可以得到比较优良的预测结果。特别是小波神经网络、支持向量回归等非线性模型，相对于传统的线性模型，能显著提高模型的拟合优度和预测效果（Yu 等，2008；张珣等，2009）。然而对于季度油价的预测而言，时间序列分析模型并不是最优的模型。一方面，影响因素的季度数据相对于月度数据更易获取，若能利用油价以外的更多信息，会有助于提高预测精度；另一方面，季度油价的波动率大于月度油价，时间序列分析模型由于缺少与影响因素有关的信息，在波动率高时的预测能力相比多因素模型会减弱许多。因此，预测季度油价应采用基于影响因素的模型，利用尽可能多的相关信息。

　　多因素的油价预测模型，有传统的计量模型（Ye et al.，2005）、人工智能模型（汪寿阳等，2008），还有集成了多种方法的混合模型（余乐安等，2006）。油价预测模型变得越来越复杂。然而复杂的模型是否会比简单的模型产生更好的预测结果，已经有大量的文献对这一问题进行了讨论。许多研究结果显示，复杂的预测模型得到的结果并不优于简单的模型，因为复杂的模型通常有许多参数需要估计或设定（Franses，2008）。因此，本章选择的预测模型均为常用的计量经济学模型。

Goodwin 等（2007）指出对模型进行优选后预测效果会更好。在实际油价预测中，从多个角度对预测模型进行评价，不但可以全面考量模型的预测效果，选择出在多个指标上表现均最优的模型，而且可以利用在某些评价指标上表现突出的模型的预测结果，为人为调整提供参考。

钱学森等（1990）提出了综合集成系统方法论。该方法的实质是把专家系统、数据与信息体系及计算机体系有机结合起来，构成一个高度智能化的人、机结合系统（于景元和周晓纪，2002）。对社会经济系统建模是科学与经验相结合的过程，对于国际原油市场这个复杂经济系统，实际的油价预测工作也具有半经验、半理论的属性，经验和理论随着预测工作的进行也在不断地发展，预测精度较高的结果往往来自内部专家对模型、经验和信息等的综合集成（舒光复，2001）。

国际原油价格的影响因素众多，模型只能基于少量的几个因素，内部专家对信息的掌握也有限，因此对油价的预测，还应该有选择地参考外部专家的预测值。从某种意义上讲，根据预测效果对外部专家进行选择，也相当于对外部专家使用的模型进行优选。

基于以上分析，并结合在实际油价预测工作中积累的经验和知识，本书构建了一个季度国际油价预测系统，该系统以优选模型为基础，并有选择地参考外部专家的预测结果，最后由内部专家根据掌握的信息和经验对结果进行综合集成，给出季度油价预测值。

该系统为预测模型的选择与应用、预测流程的设计提供了一些方法和策略。它不是简单地使用多个模型或模型的组合（黄牧涛和田勇，2007），而是先优选出适用的模型，不仅依靠模型和内部专家（杨善林等，2004），还有效地参考外部专家的预测。该系统对油价预测的实现简单、可行，适合实际预测的需要。实际工作中使用该系统预报的油价，已被中国石油化工集团有限公司和外汇管理局市场预期调查统计系统所参考，预测精度在市场预期调查统计系统的各成员单位中处于领先水平。

8.2　预测模型介绍

1. 基于时差相关的多元回归模型

张文等（2011）提出了基于时差相关的多变量模型，旨在更好地对油价及其影响因素之间的关系进行建模，结果显示该模型是可靠且有效的。该模型的拟合优度分别为 0.37（金融危机前）和 0.45（金融危机后），这说明所选变量对油价波动的解释程度较高，为建立有效的预测模型提供了支持。该方法利用时差相关分析，根据得到的自变量与油价的领先滞后关系建立模型。模型中有部分带有滞后阶的自变量，因此在预测时不需要对它们进行外推，从而降低了预测误差。本章引用张文等（2011）提出的模型[式（8.1）]对季度油价进行预测。

$$Y_t = \beta_0 + \sum_{i=1}^{k} \beta_i X_{i(t-p_i)} + \varepsilon_t, \ t = 1, 2, \cdots, T \qquad (8.1)$$

其中，Y_t 表示被解释变量，这里为季度油价；$X_{i(t-p_i)}$ 表示自变量即油价的多个因素，p_i 表示滞后阶数，根据第 i 个自变量 X_{it} 与油价 Y_t 的领先滞后关系确定，以"自变量的系数是否显著和调整 R^2 是否提高"的准则进调整；k 表示自变量的个数；β_i 表示自变量的系数；β_0 表示截距项；ε_t 表示残差项。

2. VECM

如果模型中变量不平稳，但是具有协整关系，则可以对它们建立误差修正模型[式（8.2）]。

$$\Delta y_t = \alpha \beta' y_{t-1} + \sum_{i=1}^{p-1} \Gamma_i \Delta y_{t-i} + \varepsilon_t, \ t = 1, 2, \cdots, T \qquad (8.2)$$

其中，y_t 表示 n 维向量，$\Delta y_t = y_t - y_{t-1}$；$\Delta y_{t-i}$ 表示滞后 i 阶的 Δy_t；$p-1$ 表示滞后滞后阶数；Γ_i 表示系数矩阵；α 表示 $n \times r$ 阶的调整系数矩阵；β' 表示 $n \times r$ 阶的协整向量矩阵的转置矩阵；r 表示协整向量的个数；ε_t 表示 n 维扰动向量。

3. 带外生变量的误差修正模型

如果内生变量间存在长期协整关系，且受到外生变量的影响，则可以对它们建立带外生变量的误差修正模型[式（8.3）]。

$$\Delta y_t = \alpha \beta' y_{t-1} + \sum_{i=1}^{p-1} \Gamma_i \Delta y_{t-i} + H x_t + \varepsilon_t, \ t = 1, 2, \cdots, T \qquad (8.3)$$

其中，y_t 表示 n 维向量，$\Delta y_t = y_t - y_{t-1}$；$\Delta y_{t-i}$ 表示滞后 i 阶的 Δy_t；$p-1$ 表示滞后滞后阶数；Γ_i 表示系数矩阵；α 表示 $n \times r$ 阶的调整系数矩阵；β' 表示 $n \times r$ 阶的协整向量矩阵的转置矩阵；r 表示协整向量的个数；x_t 表示 d 维外生变量向量；H 表示 $n \times r$ 维的外生变量系数矩阵；ε_t 表示 n 维扰动向量。

8.3　模型变量与检验

本节使用的原油价格为 WTI 原油现货价格，数据来自美国能源信息署，为当季日度价格的平均值。其他变量沿用张文等（2011）中的变量：OECD 石油消费量、OPEC 原油产量、美国石油库存、美国 GDP、美元指数和非商业净多头比率。对除非商业净多头比率外的所有变量进行对数化处理后，进行变量平稳性检验。由表 8.1 可见，非商业净多头比率为平稳时间序列，其他变量的对数序列均为 1 阶单整序列。

表 8.1　ADF 单位根检验结果

变量名称	变量标识	p 值	变量标识	p 值
原油价格	LNP	0.8448	D（LNP）	0.0000
OECD 石油消费量	LNC	0.2318	D（LNC）	0.0001
OPEC 原油产量	LNPRO	0.1127	D（LNPRO）	0.0000
美国石油库存	LNSTK	0.7932	D（LNSTK）	0.0001
美国 GDP	LNGDP	0.4247	D（LNGDP）	0.0000
美元指数	LNUDX	0.3404	D（LNUDX）	0.0000
非商业净多头比率	NETR	0.0002		

注：样本区间为 1986 年第一季度至 2009 年第四季度，$D(\cdot)$ 表示 1 阶差分

本节使用格兰杰因果检验（Granger causality test）检验对各变量进行外生性检验。格兰杰因果检验的原假设为被检验变量不是系统的格兰杰原因。若不能拒绝原假设，则表示该变量相对系统而言是外生的。本节根据 AIC 选取滞后阶数为 5。从表 8.2 可以看出，原油价格、美元指数和非商业净多头比率这三个变量均不能拒绝格兰杰因果检验的原假设。通常认为油价、石油的消费、产量、库存及经济增长是内生的，检验结果显示对于石油市场这个经济系统，石油的消费、产量、库存及经济增长确实是内生的，但是油价却存在一定的弱外生性，这可能是由寡头市场价格刚性现象所导致的。因为本节主要对油价进行预测，所以关于油价弱外生这一问题不再做过多的讨论。根据经济学理论及预测油价的需要，本节将原油价格、OECD 石油消费量、OPEC 原油产量、美国石油库存、美国 GDP 作为系统的内生变量，进行协整检验。

表 8.2　变量的外生性检验结果

统计量	D（LNP）	D（LNC）	D（LNPRO）	D（LNSTK）	D（LNGDP）	D（LNUDX）	NETR
联合卡方统计量	23.35	59.5	45.06	98.78	68.63	26.07	34.30
p 值	0.8007	0.0011	0.0381	0.0000	0.0001	0.6715	0.2692

本节使用 Johansen 协整检验方法对变量间的协整关系进行检验。由表 8.3 可以看出，在 5% 的显著性水平下，迹统计量和 λ-max 统计量均表明五个内生变量间存在两个长期的协整关系。因此，可以对它们建立 VECM 和带外生变量的 VECM，并在此基础上对原油价格进行预测。VECM 中，各内生变量为原变量的对数形式，带外生变量的 VECM 中，外生变量美元指数为原变量的对数差分形式，

非商业净多头比率仍为原变量。

表 8.3　Johansen 协整检验结果

原假设	特征根	迹统计量（p 值）	λ-max 统计量（p 值）
$r = 0$	0.43	106.85（0.0000）*	50.53（0.0002）*
$r \leqslant 1$	0.31	56.32（0.0066）*	33.21（0.0085）*
$r \leqslant 2$	0.13	23.11（0.2406）	12.94（0.4575）
$r \leqslant 3$	0.08	10.17（0.2680）	7.48（0.4341）
$r \leqslant 4$	0.03	2.69（0.1010）	2.69（0.1010）

注：迹统计量和 λ-max 统计量显示存在两个协整向量
*表示在 5%的显著性水平下拒绝原假设

8.4　预测及结果评价

8.4.1　预测评价指标

对模型的优选应当不仅凭借预测值的绝对误差和相对误差，还应该考虑油价波动方向预测的准确率。因此本节使用 RMSE 和 MAPE 对模型的预测误差进行度量，使用方向变化统计量（D_{stat}）对油价波动方向的预测准确率进行度量（Yu 等，2005）。

$$\text{RMSE} = \sqrt{\frac{1}{h} \sum_{t=T+1}^{T+h} \left(\hat{P}_t - P_t \right)^2} \tag{8.4}$$

$$\text{MAPE} = \frac{1}{h} \sum_{t=T+1}^{T+h} \left| \frac{\hat{P}_t - P_t}{P_t} \right| \tag{8.5}$$

其中，P_t 表示油价的真实值；$\hat{P}_t$ 表示油价的预测值；T 表示当前时刻；h 表示向前预测的展望期。RMSE 和 MAPE 越小，预测值与真实值的偏差越小，预测效果越好。

$$D_{\text{stat}} = \sum_{t=T+1}^{T+h} \frac{d_t}{N} \tag{8.6}$$

如果 $\left(P_{t+1} - P_t \right)\left(\hat{P}_{t+1} - P_t \right) \geqslant 0$，则 $d_t = 1$，否则 $d_t = 0$。D_{stat} 越大，对油价走势的方向判断正确率越高，预测效果越好。

8.4.2 结果评价

本节的预测区间分别为2006年第一季度（2006Q1）至2008第三季度（2008Q3）和2009年第一季度（2009Q1）至2009第四季度（2009Q4）。之所以剔除了2008年第四季度，是因为2008年第四季度油价相比上一季度下跌了50.57%，从数据统计特征来看，该点为序列中的异常值，且偏离程度过大，所以不对该季度油价进行预测。

本节对预测区间内的油价分别进行样本外1期、2期、3期和4期滚动预测。进行1期滚动预测时，使用1986Q1~2005Q4的样本建模，并对2006Q1的油价进行预测；再利用1986Q1~2006Q1的样本建模，对2006Q2的油价进行预测；以此类推。相似地，4期滚动预测时，使用1986Q1~2005Q4的样本建模对2006Q1~2006Q4的油价进行预测，使用1986Q1~2006Q1的样本建模对2006Q2~2007Q1的油价进行预测，以此类推。

本节使用的预测模型均为基于影响因素的多变量模型，所以在预测前需要先对各自变量和外生变量进行样本外预测，再代入模型预测油价。本节使用ARIMA模型对影响因素变量进行外推预测。除非商业净多头比率为I（0）序列外，其他五个影响因素变量均为I（1）序列，所以在ARIMA模型中，五个I（1）变量使用对数差分形式，非商业净多头比率仍为原变量形式。在三个季度油价预测模型中，五个I（1）变量均为对数差分形式，所以本书更关心它们的相对误差情况，如MAPE指标；对于非商业净多头比率，则更关心它的误差大小，即RMSE。由表8.4可以看出，OECD石油消费量样本外1期滚动预测的MAPE仅有1.25%，OECD石油消费量样本外4期滚动预测的MAPE也不超过2.51%。相似地，OPEC原油产量、美国石油库存、美国GDP和美元指数的预测误差——MAPE也均较小。总的来看，使用ARIMA模型对这五个影响因素进行样本外预测的效果较好，主要原因是这五个变量的变化幅度较小，以OECD石油消费量和美元指数为例，预测区间内的OECD石油消费量和美元指数变化的平均值分别为1.87%和5.05%。由表8.4还可以看到，非商业净多头比率样本外1~4期滚动预测的RMSE均不超过0.06，说明使用ARIMA模型对该变量进行预测的误差也较小。限于篇幅的原因，本节不在此处列出各影响因素的预测模型形式。本节采用滚动预测方式，所以使用ARIMA模型对各影响因素建模预测时，需要根据样本数据的具体情况，动态调整AR项和MA项的阶数。

表8.4 各影响因素样本外1~4期滚动预测结果的MAPE和RMSE

项目	MAPE					RMSE
	OECD石油消费量	OPEC原油产量	美国石油库存	美国GDP	美元指数	非商业净多头比率
样本外1期滚动预测	1.25%	2.14%	1.04%	0.56%	3.06%	0.06

项目	MAPE					RMSE
	OECD 石油消费量	OPEC 原油产量	美国石油库存	美国GDP	美元指数	非商业净多头比率
样本外 2 期滚动预测	1.65%	2.75%	1.50%	0.79%	5.31%	0.05
样本外 3 期滚动预测	2.07%	3.25%	1.56%	0.87%	6.10%	0.04
样本外 4 期滚动预测	2.51%	3.18%	1.69%	0.98%	5.71%	0.04

注：预测区间为 2006Q1~2009Q4，不包含 2008Q4；样本区间和滚动预测方式同上文的油价预测说明

尽管各影响因素的预测值存在误差，但是各预测值并不总是被同时高估或低估的，所以它们的线性组合在一定程度上会抵消部分误差。且由表 8.4 和以上分析可知，使用 ARIMA 模型预测各影响因素的误差较小，所以在此基础上建立基于时差相关的多元回归模型和带外生变量的 VECM 虽然会累积放大影响因素的预测误差，但从预测结果来看（表 8.5~表 8.8），这两个模型的预测效果仍要好于未使用 ARIMA 预测值的 VECM。

表 8.5　样本外 1 期滚动预测结果

项目	RMSE	MAPE	D_{stat}
基于时差相关的多元回归模型	8.76	8.90%	80.00%
VECM	12.24	11.96%	46.67%
带外生变量的 VECM	10.5	11.51%	60.00%
美国能源信息署油价预测数据	9.7	7.42%	86.67%

表 8.6　样本外 2 期滚动预测结果

项目	RMSE	MAPE	D_{stat}
基于时差相关的多元回归模型	11.31	11.68%	71.43%
VECM	16.42	15.76%	46.43%
带外生变量的 VECM	13.08	13.95%	60.71%
美国能源信息署油价预测数据	12.89	11.19%	71.43%

表 8.7　样本外 3 期滚动预测结果

项目	RMSE	MAPE	D_{stat}
基于时差相关的多元回归模型	16.28	15.22%	69.23%
VECM	22.67	19.95%	46.15%
带外生变量的 VECM	19.64	18.26%	56.41%
美国能源信息署油价预测数据	20.12	15.84%	71.79%

表 8.8 样本外 4 期滚动预测结果

项目	RMSE	MAPE	D_{stat}
基于时差相关的多元回归模型	17.74	15.96%	68.75%
VECM	24.49	21.10%	47.92%
带外生变量的 VECM	21.79	19.39%	56.25%
美国能源信息署油价预测数据	22.90	17.44%	70.83%

因为采用滚动预测方式，模型的参数设定各期不尽相同，所以本节以样本区间为 1986Q1~2009Q3 的预测模型为例，给出基于时差相关的多元回归模型的估计结果 [式（8.7）]。限于篇幅，本书不再给出 VECM 和带外生变量的 VECM 的估计结果。

如 8.2 节的模型介绍所述，各自变量的滞后阶数由其与油价的领先滞后关系确定，再根据估计结果，以"自变量的系数是否显著和调整 R^2 是否提高"的准则进行调整。由式（8.7）可以看到，当期和滞后 7 期的 OECD 石油消费量分别与油价有显著的负向和正向关系，未来 1 期的 OPEC 原油产量与当期的油价有显著的正向关系，其他变量与油价的影响关系均在当期体现出来。基于时差相关的多元回归模型的建模步骤和估计结果的经济学解释等详细内容可以参考张文等（2011）。

$$D(\text{LNP})_t = -0.02 - 1.76D(\text{LNC}_t) + 1.21D(\text{LNC}_{t-7}) + 1.33D(\text{LNPRO}_{t+1})$$
$$\quad (0.02) \qquad (0.52) \qquad\quad (0.40) \qquad\qquad (0.44)$$
$$\qquad + 3.20D(\text{LNGDP}_t) - 2.18D(\text{LNSTK}_t) - 2.20D(\text{LNUDX}_t) + 0.14\,\text{NETR}_t$$
$$\qquad\quad (2.04) \qquad\qquad (0.65) \qquad\qquad (0.40) \qquad\qquad (0.06)$$
$$R^2 = 0.45 \quad,\quad F = 13.09 \quad,\quad \text{DW} = 1.91 \qquad\qquad (8.7)$$

其中，公式下方对应的数字为各系数对应的标准误。

在此基础上，根据 ARIMA 模型对各影响因素的预测值可以对未来油价进行预测。需要指出的是，ARIMA 模型对 OPEC 原油产量的预测误差较小，以及式（8.7）中该变量的系数非常显著，所以尽管对 OPEC 原油产量的预测步长要大于对油价的预测步长，但从预测结果来看，使用未来 1 期的 OPEC 原油产量是有助于提高模型的预测精度的。

本节以同期美国能源信息署季度油价预测值为参照（数据来源美国能源信息署每季度的第一期《短期能源展望》），与三个预测模型样本外 1~4 期滚动的预测值进行了比较（表 8.5~表 8.8）。从 RMSE、MAPE 和 D_{stat} 的比较结果来看，本节使用的三个预测模型中，基于时差相关的多元回归模型的表现要明显优于其他两个模型，带外生变量的 VECM 的预测效果要明显好于不带外生变量的 VECM。因此构建油价预测系统时，优选的模型应当是基于时差相关的多元回归模型。在优选模型与美国能源信息署油价预测数据的比较中，基于时差相关的多元回归模型，样本外 1 期、2 期滚动预测的 RMSE，样本外 3 期、4 期滚动预测的

RMSE 和 MAPE 均优于美国能源信息署油价预测数据；但样本外 1 期、2 期滚动预测的 MAPE 效果不如美国能源信息署油价预测数据，主要原因是美国能源信息署在油价相对较低时的预测误差较小；对油价变化方向的预测，优选模型的正确率略低于美国能源信息署油价预测数据。

如前文所述，油价的最终预测结果不能仅依靠模型和内部专家，还应该有选择地对外部专家的结果进行参考。本节通过对优选模型与同期美国能源信息署油价预测数据的比较发现，美国能源信息署油价预测数据在油价波动方向上的预测效果好于优选模型，而且在 MAPE 上的控制也值得肯定，又因为美国能源信息署的季度油价预测值公开、连续，所以美国能源信息署的油价预测数据适合在本章提出的油价预测系统中予以参考。

8.5　基于优选模型的季度油价预测系统

基于以上分析，并结合在实际油价预测工作中积累的经验和知识，本书构建了一个基于优选模型的，同时有选择地参考外部专家的预测结果，由内部专家进行综合集成的季度油价预测系统，其原型如图 6.5 所示。该系统共有四个模块，分别为油价预测模块，专家评价模块，预测结果集成模块和内部专家调整模块。其中，油价预测模块的核心为本章优选出的基于时差相关的多元回归模型。油价预测模块对油价和影响因素进行建模并预测，得到油价预测结果 OM。

Nolte 和 Pohlmeier（2007）指出对专家预测结果的使用，应该集中挑选出那些能够给出更好预测结果的专家。专家评价模块根据 RMSE、MAPE 和 D_{stat} 等多项预测评估指标，定期对各外部专家的预测值进行评价和追踪。将多次评价期中预测误差小于阈值的专家的预测值取出，与预测结果 OM 在预测结果集成模块中集成。对油价波动方向预测准确率高的专家，系统根据其对未来几期油价的预测值，以多数投票原则给出油价波动趋势的建议，为内部专家进行调整提供依据。

预测结果集成模块，将预测结果 OM 与预测误差小的外部专家的预测值进行集成。该模块可以内嵌多套预测集成模型，也可以由内部专家根据经验和判断对各预测结果赋予权重，每个外部专家预测结果的权重不宜超过 $1/(k+1)$，k 为外部专家的个数。

内部专家调整模块为人机交互模块，通过内部专家与系统的交互，输出最终油价预测值；并对各期输出的预测值进行跟踪与评价，反馈给内部专家。内部专家根据系统其他模块提供的结果和系统各期输出值预测效果的反馈，结合对近期事件的理解和对未来趋势的判断，以及在预测工作中积累的知识和经验甚至是直觉，对预测结果进行调整和综合集成，得到最终的季度油价预测值。

8.6 本 章 小 结

本章提出在油价的实际预测中，应当首先对预测模型进行优选，以优选模型的预测值为基础，有选择地参考外部专家的预测结果，根据内部专家掌握的信息和经验对结果进行综合集成，得到最终的油价预测值。据此，本章构建了一个基于优选模型的季度油价预测系统。通过比较预测效果，本章发现基于时差相关的多元回归模型相比于 VECM 和带外生变量的 VECM 更适合预测季度油价。

本章构建的季度油价预测系统为实际油价预测工作中预测模型的选择与应用、预测流程的设计提供了一些方法和策略。它不仅依靠模型和内部专家，同时有选择地参考外部专家的预测值；通过对模型的优选和对专家的评价，使效果更好的预测值作为集成预测的基础。该系统的结构清晰，可实现程度高，实际工作中使用该系统预报的油价，已被中国石油化工集团有限公司和外汇管理局市场预期调查统计系统所参考，预测精度在外汇管理局市场预期调查统计系统的各成员单位中处于领先水平。

第9章 基于深度学习的大宗商品价格预测

9.1 研究现状

9.1.1 机器学习与期货价格预测

21世纪以来，金融市场越来越完善，出现了各种各样的金融衍生品，复杂的定价机制让传统的、基于统计和经济学原理的模型方法逐渐失效，同时，金融市场中影响定价的因素较多，且存在大量无法观测的噪声，很难对其进行准确的预测。而机器学习技术的进步为人们提供了新的思路，机器学习方法能够在不需要过多行业专业知识的情况下最大限度地拟合对象的具体特征，而且具有处理大量数据的优势。

近年来，机器学习方法在各领域展现出了巨大的优势和潜力，包括在金融市场的应用，吸引了众多研究人员对于机器学习方法的关注。机器学习方法大体上可以分为两类，分别是监督学习和非监督学习。在监督学习任务中，我们使用的训练数据有特征、有标签，即让机器挖掘现有训练集中的映射关系。而在非监督学习中，训练数据是有特征、无标签的，需要算法自己归纳总结出一套分类逻辑。非监督学习多用于在给定数据集中寻找模式、相关性及聚类任务等，也经常作为使用监督学习之前的预处理模块。

目前常用的机器学习模型包括SVM、随机森林、逻辑回归、朴素贝叶斯和决策树等，这些方法都可以应用于期货价格预测。黄卿和谢合亮（2018）对几种常见的机器学习模型在股指期货领域的应用效果做了对比，他们对沪深300股指期货一分钟高频数据分别使用BP神经网络、SVM和XGBoost（extreme gradient boosting，极端梯度提升）进行预测，研究表明三种模型都能较好地预测沪深300股指期货的走势，比较来说XGBoost取得的效果更好。随着市场上可以获得的数据量的不断增加及计算机处理能力的提升，机器学习方法将会不断更新和优化，其在金融预测领域的应用也将随之深入。

9.1.2 深度学习时间序列研究现状

金融资产的价格是高度非线性的，有时商品期货价格数据甚至看起来是完全随机的。传统的时间序列方法包括自回归模型、滑动平均模型、自回归滑动平均模型、自回归条件异方差模型等，但这些模型只有在序列是平稳的情况下才有效，这个限制假设要求我们在使用价格序列之前进行复杂的预处理，使其符合模型的要求。然而，在实时交易系统中运用这些模型时出现的主要问题是随着新数据的增加，我们无法保证其稳定性。

深度学习虽然已经在计算机视觉、自然语言处理等领域取得了突破性的进展，但目前还较少应用在时间序列领域。首先我们回顾一下目前已知的使用深度学习进行时间序列预测的成果。

Lin 等（2017）提出了 TreNet 模型，在时间序列领域使用深度学习，结合了卷积神经网络（convolutional neural networks，CNN）和长短期记忆网络（long short term memory networks，LSTM）对股票价格演变趋势进行了预测。Deng 等（2017）将深度学习和强化学习相结合，将证券市场交易归纳为两步，即提取市场特征和做出交易决策，并分别使用深度神经网络和强化学习优化这两部分，提出了深度直接强化学习（deep direct reinforcement learning）模型，该模型在股指期货和商品期货市场上取得了比传统方法更高的收益率和更小的波动。Torres 等（2018）将深度学习用于预测澳大利亚每日太阳能发电量，文章提出用过去 w 天的数据预测未来 h 天窗口期的发电量，可以把预测 h 天的总发电量拆分成 h 个子问题，预测每一天单独的发电量，从而消除了由于先前预测的样本被用于下一个预测的误差传播。

近年来，深度学习作为机器学习的一个重要分支，为时间序列预测问题提供了更丰富的解决方案，在多个领域获得了比传统方法更好的效果，可以较好地拟合非线性序列。本章探讨使用深度学习方法来预测大宗商品价格。

9.2 栈式自编码器

9.2.1 深度学习概述

深度学习是一种特征学习方法，把原始数据通过一些简单的但是非线性的模型转变成更高层次的，更加抽象的表达。通过足够多的转换组合，可以拟合出任意复杂的函数（LeCun et al.，2015）。

Hinton 等（2006）首次提出了深度学习的概念，并提出深信度网络（deep belief networks，DBN），随后深度学习得到了国内外研究者的广泛关注，更多的深度学习模型被提出，如稀疏编码模型（Yu et al.，2011）、自动编码模型、受限玻尔兹曼机，还有 LeCun 等（1998）首次建立的真正的多层结构的网络模型卷积神经网络。2011 年，微软公司使用深度学习的方法减少了20%~30%的语音识别误差，这是深度学习发展中的一大进展。2012 年 6 月，《纽约时报》报道的 Google Brain 项目，受到了广泛的关注。随着深度学习的发展，深度学习的方法已经应用于科学研究和实际工程中的许多方面，包括语音识别、图像识别、对象检测及金融时间序列预测等许多领域(Ng et al.，2014)。随着我们越来越深刻地理解人脑的运行机制及计算能力的大幅提升，"大神经网络时代"已经到来。

在实际中，人们解决问题时，如进行对象的分类等，首先要总结出一些特征来表示一个对象，然后根据这些特征进行对象的分类。所以，特征的选取是解决问题的关键。然而，手工进行特征选取十分费力，又不能保证特征选取的合理性，深度学习就解决了特征选择的问题，这种自主特征学习的方法，统称为深度学习。深度学习的基本思想如下：假设我们有一个 n 层的系统 S（S_1，S_2，…，S_n），输入为 I，输出为 O，表示为 I→S_1→S_2→……→S_n→O，在深度学习训练时，将对系统权重参数进行调整，从而使输出 O 与输入 I 尽量相近，即系统每层 S_i 都是用另外形式表示输入信息，并保证经过各层信息的丢失最小。

深度学习起源于神经网络，算是神经网络的一个分支，神经网络由于自身的一些局限性，如比较容易过拟合、训练速度比较慢等，限制了神经网络的进一步发展。传统的神经网络使用的是反向传播的方式，随机设定初值，计算输出，再根据当前输出与标签之差来调整各层的参数，直到收敛。这种反馈传播的算法存在以下问题：第一，从顶层往下，梯度越来越稀疏；第二，可能会收敛到局部最小值；第三，训练集的数据必须是有标签的，然而，实际中能得到的数据许多为无标签数据。2006 年，Hinton（2006）提出了一个深度学习训练算法，该算法主要分为两步，第一步是自下而上的非监督学习，从底层开始逐层训练每一层网络，这可以避免误差的逐层传递，这是特征学习的过程；第二步是自上向下的监督学习，使用有标签的数据对系统进行微调，与神经网络相比，深度学习不是随机初值，所以初值更接近全局最优，训练效果更好。深度学习网络模型可以分成三类：第一种为前馈神经网络，由多个编码器叠加，信息从输入层到隐藏层再到输出层，信息流动是单向的，如卷积神经网络等；第二种为反馈神经网络，由多个解码器组成，如反卷积网络等；第三种为双向深度网络，多个编码器层和解码器层，如深度信念网络、栈式自编码器等（尹宝才等，2015）。

9.2.2　栈式自编码器模型介绍

自编码器模型是一种著名的深度学习模型，栈式降噪自编码器为多层自编码器的叠加，在此基础上加入噪声信息的处理使模型在实际中有更好的适应性。假设某种神经网络的输入和输出相同，之后通过训练，调整权重参数，则可获得输入的几种不同表示，即提取的特征，这种复现输入进行特征提取的神经网络称为自编码器（Lu et al.，2013）。

自编码器的输入为 x，$x \in [0，1]$，x 映射到隐藏层 $y = s(Wx + b)$，隐藏层 $y \in$ [0，1]，s 是非线性激活函数，这里使用常用的"S"形激励函数 sigmoid，sigmoid 函数的定义如式（9.1）所示：

$$s(x) = \frac{1}{1 + e^x} \tag{9.1}$$

这一步是编码的过程。接着，通过 $z = s(W'y + b')$ 来重构 x，使 z 尽量与输入 x 一样，这是解码过程。通过多次训练，使得重构误差最小。这里，重构误差为交叉熵损失，如式（9.2）所示。

$$L_H(x，z) = -\sum_{k=1}^{d} \left[x_k \ln z_k + (1 - x_k) \ln(1 - z_k) \right] \tag{9.2}$$

以上为自编码器的训练过程，如果将多个自编码器叠加，将前一个自编码器隐藏层的值 y 作为下一个自编码器的输入，则组成了栈式自编码器。训练栈式自编码器分为两步：第一步是预训练过程，无监督特征学习，从输入层开始逐层向下训练，调整每一层的权重参数和偏置参数；第二步是有监督的微调，我们在最顶层编码器添加一个监督学习模型，如逻辑回归、SVM 等，然后使用反向传播（back-propagation）算法对模型所有层的权重参数做进一步调整。

而栈式降噪自编码器则是在栈式自编码器之上，在每层输入数据中增加随机噪声，在代码中，将某些输入数据使用二项分布进行随机置零，自编码器就会通过训练，学到去掉噪声后的输入，所以，降噪自编码器泛化能力比一般编码器更强。

本章将建立栈式降噪自编码器模型，并结合小波分析理论，得到比现有深度学习预测效果更优的大宗商品价格预测模型。

9.3　小波分析理论

小波的概念是在傅里叶变换的基础上提出的，Grossmann 和 Morlet（1984）提出了小波的概念，从此小波分析的理论和方法逐渐应用于数学与工程领域，通过几十年的研究探索，现在小波分析理论基础更加扎实，在图像处理、信号处理和其他工程技术领域，应用范围越来越广（Abry and Veitch，1998）。

小波分析是指用有限长震荡波即母小波来对信号进行分解重构，母小波经过平移和缩放与输入信号匹配。小波分析通过在时间和频率上的局部变换，可以提取信号不同尺度上的细节信息，对信号局部特征的表征能力强，被称作"数学显微镜"，与傅里叶变换相比，它可以实现对信号的多尺度细化，而傅里叶变换会丢失时间信息，无法解决信号局部分析等问题。

本章用到的小波变换为离散小波变换，离散小波变换顾名思义即输入和输出为离散的，离散小波分解和重构可使用 Mallat 算法实现（Shensa，1992）。

首先定义要用到的信号和滤波器。

$X[n]$：离散输入信号，n 为信号长度。

$A[n]$：低通滤波，得到低频部分。

$D[n]$：高通滤波，得到高频部分。

$\downarrow Q$：降采样滤波器，输入为 $X[n]$，输出 $y[n]=X[Qn]$。

多尺度离散小波分解变换过程如图 9.1 所示。

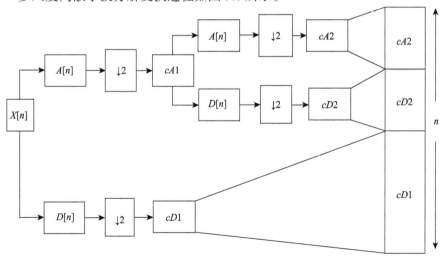

图 9.1　多尺度离散小波分解变换过程

离散小波分解过程如下：信号 $X[n]$ 通过低通滤波 $A[n]$ 和二抽取，得到尺度和分辨率减半的信号 $cA1$，同时信号 $X[n]$ 通过高通滤波 $D[n]$ 和二抽取，获得尺度和分辨率减半的序列 $cD1$，之后将高频序列再次分解，以此类推。小波分解后的各分解信号长度比原始信号长度短，需要将信号重构回原来长度，相当于逆向的小波分解。重构后，原始信号 $X=cA2+cD2+cD1$。

一维离散小波分解的实现。小波分解的理论和算法比较复杂，且本章的重点不是对小波分析算法的实现，在本章中使用 Matlab 中小波分析函数进行小波的分解和重构，该 Matlab 库封装了许多与信号处理相关的函数，可以方便地实现离散小波分解的功能。在本章中用到的相关 Matlab 函数主要有如下几种。

1. $[C，L]$=wavedec（$X，N$，'wname'）

函数功能：多尺度一维小波分解。

参数说明：C 记录了小波分解后各层分解结果，L 记录分解后各层信号长度，X 为原始时间序列，N 为分解层度，'wname'为小波核名称。

2. Y=wrcoef（'type'，$C，L$，'wname'，N）

函数功能：一维小波重构。

其中，当'type'='a'时重构近似序列，当'type'='d'时重构高频系数；C、L、'wname'、N 含义同前。

实验中对时间序列 data 做四层小波分解的代码：

$$[c,l]=\text{wavedec}（data，4，'db6'）$$
$$D1=\text{wrcoef}（'d',c,l,'db6',1）$$
$$D2=\text{wrcoef}（'d',c,l,'db6',2）$$
$$D3=\text{wrcoef}（'d',c,l,'db6',3）$$
$$D4=\text{wrcoef}（'d',c,l,'db6',4）$$
$$A4=\text{wrcoef}（'a',c,l,'db6',4）$$

9.4　小波分解与深度学习混合模型的构建

针对 9.2 节中提到的栈式降噪自编码器模型在极值附近和数据变化频率快、变化幅度大的位置预测效果差的问题，我们将原始时间序列进行小波分解，将高频部分与低频部分有效分离，分解后各层的数据曲线更光滑，数据变化平缓，使用栈式降噪自编码器模型预测效果会更好。

在本节中，将构建小波分解与深度学习的混合模型。在该模型中，首先要对商品期货时间序列进行多层小波分解，并对小波分解后的各个序列进行重构，使各个分解序列尺度与原始序列尺度一致。其次,将各个序列分别使用栈式降噪自编码器模型进行训练。最后,将各层的预测结果相加,得到最终预测结果。以三层小波分解为例,该模型整体框架如图 9.2 所示,价格时间序列按照前面介绍的方式被分解成 $D1$、$D2$、$D3$、$D4$、$A4$ 不同频率的小波,各自输入自编码器神经网络,利用神经网络对各小波分量进行预测。然后对各频率预测的结果进行汇总,得到最终的预测结果。

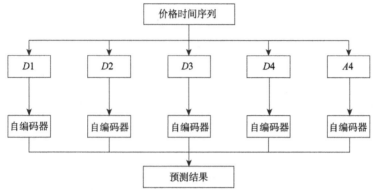

图 9.2　小波分解与神经网络混合的预测模型

9.5　混合预测模型的训练和预测结果分析

9.5.1　以铜为例的深度学习混合预测模型

为了建立深度学习模型,我们采用日度数据建模。本节使用的数据来源是 2010 年 1 月到 2016 年 6 月的期货阴极铜(连续)的日度收盘价数据,数据来自 Wind 数据库,数据集中共包含 1500 多个数据样本,在本节中要将数据集随机分为训练集、验证集和测试集并分别对它们进行训练和验证测试。对数据进行预处理之后,即可将整理得到的样本集合输入模型中进行参数的训练,并利用训练得到的参数对测试集中的数据进行预测。

深度学习模型通常需要手工设定超参数的取值,本模型中包含的超参数分为预训练迭代次数、预训练学习率、训练迭代次数、参数更新学习率、批大小、输入数据个数、隐藏层个数和每个隐藏层内的神经元个数。这些超参数的设置分别是基于前人的经验和不断的测试来获得较为合适的结果,通过测试和试验,我们也找到了一些效果不错的超参数取值,将在参数说明中给出具体值。给定超参数和输入后,模型将通过重复的迭代和调整对参数进行训练,最终将模型的参数保存下来,并输出测试集的预测结果供我们分析。因为输入的数据为归一化的分层通道数据，因此输出的预测结果也是归一化的分层结果，这里要先将各层的预测结果进行逆归一化，再利用指数滤波的方式将各层结果融合起来。

因为小波分解的低频 a 层结果噪声较大，所以这里对 a 层的预测结果进行指数滤波的 α 调优，具体算法如下。

（1）对测试集中每天的数据计算差价率，差价率 $\alpha[i]$＝实际结果/预测结果 – 1，实际结果＝预测结果×（1+$\alpha[i]$）。

（2）先对前 20 天预测结果的差价率 α 求平均值 $\alpha'[0]$。

（3）从第 21 个预测结果开始，未来 1 天的 α 值计算公式为 $\alpha'[i+1]=\theta\alpha'[i]+(1-\theta)\alpha[i]$，这里的 θ 取 0.02，是一个权重比例系数。

通过上述算法可以迭代求出每天 a 层数据的差价率，从而对每天 a 层的预测结果利用“预测结果×（1+α）”的公式进行调优，再将调优后的结果与小波分解其他各层高频 d 层结果进行叠加融合，即可获得期货数据测试集的预测结果。以上就是本节用深度学习模型对期货数据进行训练和预测的具体流程。

得到了预测结果后，要对预测结果和真实结果进行比较和分析。这里的预测结果是由模型训练好参数后对测试集进行预测得到的，即以测试集的预测作为其泛化能力的评估，从而判断该模型是否具有普适性。在这里我们分析了预测结果和真实结果之间的相对误差、绝对误差及均方差，期货数据的收盘价在万元左右，因此以其相对误差的平均值和均方差的结果作为评价指标，其计算公式分别为

$$\frac{1}{n}\sum_{i=1}^{n}\left(\frac{|predict-real|}{real}\right) \text{ 和 } \sqrt{\frac{\sum_{i=1}^{n}|predict-real|}{n-1}}$$，其中，n 表示测试集中的数据个数。

根据上述方法构建深度学习模型，利用滚动窗口方法，图 9.3 展示了在测试数据集 2015 年 6 月 30 日至 2016 年 6 月 29 日铜期货连续合约价格的预测结果。通过与真实价格进行比较，计算得到该模型的 RMSE 为 534.41，而 MAPE 为 1.08%。

9.5.2　以天然橡胶为例的深度学习混合预测模型

为了构建深度学习模型，我们采用日度数据建模。本节使用的数据来源是 2010 年 1 月到 2016 年 6 月的天然橡胶期货连续合约的日度收盘价数据，数据来自 Wind 数据库，数据集共包含 1500 多个数据样本，在实验中要将数据集随机分为训练集、验证集和测试集并分别进行训练和验证测试。本节首先要对数据集进行小波分解及归一化等预处理，而后将数据输入栈式降噪自编码器模型中，通过多层神经网络训练参数从而得到日度数据未来 1 天的预测结果，与真实结果进行比较计算后给出预测的准确度等信息。具体实验设计和建模步骤详见 9.4 节。

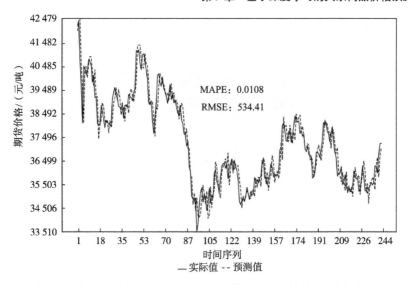

图 9.3　铜期货价格深度学习混合预测模型的预测结果及效果评估

利用训练集得到的深度学习混合模型，采用滚动窗口的预测方法，得到了样本外的测试集 2015 年 6 月 30 日至 2016 年 6 月 29 日的天然橡胶期货连续合约日度价格的预测结果，如图 9.4 所示。将预测结果与实际结果进行比较，计算得到该模型的 MAPE 为 1.66%，RMSE 为 246.53。

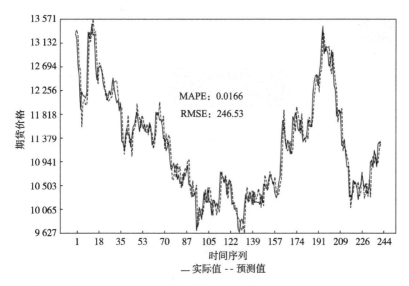

图 9.4　天然橡胶期货价格深度学习混合预测模型预测结果及效果分析

第 10 章　资源能源供给中断风险的监测分析

我们在第 2 章分析了影响资源能源供给的主要因素，涉及全球供给、国内供给、国际进口、库存等核心影响因素，还包括供给冲击等风险因素。我们在探讨资源能源价格风险时也强调短期供给波动会使基本供需关系短期失衡，地缘政治和突发事件会使供给面临更大的失衡与风险。因此，如果我们关心供给的安全，着力防范供给中断风险，不仅要防范供给的长期中断与失衡，也要关注供给的短期失衡问题。

我们在第 2 章主要探讨了产量、进口量、库存量这些直接指标的影响。本章我们将对影响产量、进口量和库存量的因素进行更深入的探讨，换言之，我们更关心在第 3 章提及的供给冲击等相关因素。我们在本章着重讨论两个问题：①与库存有关的存储和运输的安全监测问题；②与地缘政治和突发事件有关的监测问题。

10.1　针对存储和运输的安全监测

10.1.1　物联网技术

物联网是一种基于互联网的泛在网络，通过将各种物品以有线或无线网的方式接入互联网，借助于射频识别（radio frequency identification，RFID）、红外感应器、全球定位系统（global positioning system，GPS）、激光扫描器等传感器采集信息，人们可以通过网络实时获取这些物品的位置、状态等信息，并且进行信息交互，这是一种以互联网为基础，将其用户端扩展到任何物品和物品之间的万物互联网络。

物联网的出现建立在传感器技术的成熟和普及的基础之上。成熟、稳定、廉价的传感器设备被广泛地应用于工农业生产、物流和消费的各个环节，人们可以从真实世界获得海量的实时反馈数据，相当于为我们生活的物理世界罩上了一层电子皮肤。物联网技术使用专用或通用网络将传感器进行连接，使得海量的传感器数据可以被很容易地集中收集处理和应用，从而形成物联网大数据。

物联网技术在我国受到了极大的关注，2009 年 8 月，时任国务院总理温家宝在无锡视察时提出"感知中国"[①]。随后无锡市建立"感知中国"研究中心，中国科学院、运营商和多所高校也相继在无锡建立了物联网研究院。随着十一届全国人大三次会议把物联网作为五大新兴战略性产业之一正式写入工作报告，物联网行业也迎来了前所未有的发展机遇。

物联网并没有像互联网那样形成一个全球统一的数据交换共享网络，因此物联网数据的获取非常依赖传感器所有机构的基础设施建设。用互联网作为类比，当前的物联网系统非常类似于互联网形成初期大量的局域网状态，数据分散在各个企业、机构的数据交换平台之上，甚至对于同一个企业内部，不同物联网系统之间也存在数据壁垒和信息孤岛。另外，物联网数据的收集管理系统一般都是从传统的业务信息管理平台升级而来的，功能与数据类型并没有专门的信息发布渠道，因此很难对数据的可获取性及可用性进行有效的评估。

对于资源能源安全预警预测，比较有效的物联网数据是全产业链各个环节企业的生产、库存、销售记录数据及运输过程记录。不过，对于一个产业来说，构建全产业链的物联网数据集中平台是非常困难的，尤其是在行业内部存在多个企业分头竞争的情况时。因此在一些情况下，可以使用物联网大数据的汇总统计信息来代替原始数据的输入，从而达到类似的性能。

与互联网完全分布的数据生产及高度集中的数据汇聚结构不同，物联网数据的产生过程是集中在几个主要的渠道之中的，但是几个主要渠道之间的整合由于商业利益、技术难度等因素变得非常困难。一般情况下，每一个渠道会有专门的机构进行掌控，而且这些机构自身也有需求对数据进行统计汇总，因此使用渠道机构对原始物联网数据进行汇总之后的统计数据来进行资源能源安全的预测预警，是一种性价比较高的选择。

10.1.2　基于物联网的存储和运输监控

物联网在供给监测方面已经有了很多方面的尝试，包括智慧仓储、智慧矿山、智慧油田、智慧农业、智能交通等，其中交通物联网应用的不断深入，正好可以

---

① 温家宝江苏考察：让经济发展更具可持续性竞争力，http://www.gov.cn/ldhd/2009-08/09/content_1387039. htm[2020-12-23]。

弥补传统的供给监测下对运输因素考虑不足的情况。下面将重点介绍上述几项物联网应用实例。

1. 智慧仓储

智慧仓储是在传统仓储管理业务的基础上，使用 RFID 技术、网络通信等现代化的信息技术，对仓储的各个环节进行精确的数据抓取，详尽的数据分析，使企业管理者可以快速准确地通过量化数据了解仓储情况，做出科学决策。提高了仓储管理的效率和水平，降低了仓储成本。

相比于传统仓储系统，智慧仓储的功能和定位更丰富多样，不仅具备存储作用，还具有整合、分拣、移动等作用，因此对于技术的要求也更高。在智慧仓储领域，经常需要借助于传感器技术、图像识别技术、数据挖掘技术，使得智慧仓储处于整个产业链的中心位置、充当管理和分配的角色，这大大提高了物流体系的效率。

2. 智慧矿山

智慧矿山也是物联网的一个重要应用领域。顾名思义，智慧矿山是现代电子信息技术和计算机技术应用在采矿行业的具体实例。应用传感器对矿上表面和地下的情况进行实时监测，可以快速发现问题，解决问题，确保采矿人员的身体健康及矿山地质特性的安全性。同时，通过对矿山系统运行核心信息的分析处理，并使用可视化技术和数据挖掘技术，可以快速调度人员和机械操作，大大提高矿山的运行效率。

智慧矿山的建设过程中，安全、清洁、数字化和信息化是其核心问题。而其总体目标是全面布置自动化信息感知系统，采集矿山地质资料、气象资料、人员健康信息、产品生产情况、安全设施有效性等信息并将它们可视化，将高性能计算技术、信息采集技术、数据挖掘技术、现代管理体系等与采矿行业深度结合，实现对矿山日常运行状况的动态描述与科学决策，保障生产人员安全，降低污染排放，最大限度地保护自然环境。

3. 智慧油田

智慧油田是应用全新的技术手段和管理方式的现代化油田，是物联网在石油开采领域的延伸。智慧油田是建立在数字油田基础之上的，数字油田得益于互联网技术的发展，而智慧油田则是得益于物联网技术的进步。相比于数字油田，智慧油田更突出"智慧"，数字油田只是人类的分析工具，最终的决策还需要管理者来做，而智慧油田则依托于物物互联的体系，有更丰富的数据可供计算机使用，其对于整个油田系统的了解远超过人类的了解，因此基于人工智能的专家系统可以做出合理的决策，对油田系统的运行进行有条不紊的调度。

4. 智慧农业

智慧农业依靠工业化的生产方式，大大提高了传统农业的生产效率。智慧农业将原本的农业生产模式——以人为主，使用工具作为辅助——转变为以数据和软件为主，以人的判断作为辅助。在具体的生产过程中，依靠安置在农作物周围的大量传感器，可以实时监测农作物的生长状况，并对病虫害等问题精准定位，快速解决。同时，灌溉技术的改进，温度光照控制的日益精确，使得我们能以最小的代价获得最高的收益，体现了智慧农业集约化、高效率的特点。

5. 智能交通

智能交通是综合运用先进电子信息技术的现代交通系统，以信息的收集、整理、分析、处理为核心功能，为出行人员和交通运输系统管理者提供辅助和建议。

在信息的收集阶段，大体上可以分为两种手段，分别是静态信息收集和动态信息收集，静态信息收集主要采用定点探测器和监控摄像，包括红外检测器、雷达检测器和超声波监测器等。动态信息采集则包括全球定位系统、异频雷达收发机和手机通信等装置。将采集到的原始数据综合运用于模式识别和计算机视觉相关技术，智能识别车辆信息，即可对交通状况做出基本判断。

在信息分析阶段，系统运用数据挖掘技术结合当前交通状况，可以实现对未来一段时间交通拥堵情况、车流量、车辆行驶速度等信息的准确预测。并给出使用交通信号灯等方式进行车流管控的优化策略，提高交通系统运行效率。同时使用数据可视化方法，将当前城市交通信息呈现在大屏幕上，可以辅助人们进行交通规划，处理突发情况。

智能交通系统的发展得益于信息技术的高速发展，同时因为机动车普及和出于资源环境可持续发展的需要，各国都在加快智能交通系统的建设。在公安部2012 年实施的《道路交通安全“十二五”规划》和《公路水路交通运输“十二五”科技发展规划》等政策的扶持下，未来 10 年我国将投入 1820 亿元建设智能交通系统。目前在智能交通领域的应用包括智能交通管控平台、ETC 自动收费系统、智慧公交系统、车辆控制系统等。

10.2　地缘政治和突发事件等供给冲击的监测

10.2.1　系统概述

政治关系、罢工、重大选举、突发事件等对于资源能源的供应也有着直接的影响，地缘政治格局的突然变化和突发事件可能会直接导致重要资源能源供应的中断。同时，地缘政治和突发事件对于舆论导向和市场信心也有着强烈的影响，因此需要通过社交媒体、新闻网站等对地缘政治和突发事件进行有效的舆情监控。

目前市场上有很多舆情监测公司和服务，如人民网舆情、智思互联网大数据平台、谷尼互联网舆情监测系统等。人民网舆情是人民日报社下属机构，从 2006 年开始便关注使用智能搜索引擎对来自互联网的数据进行舆情分析。智思互联网大数据平台和谷尼互联网舆情监测系统等都是运用计算机技术对网络信息进行自动抓取、自动分类、主题监测和专题聚焦，并形成分析报告，以可视化的形式为用户决策提供辅助，目前已经为各省市公安局、高校、企业提供了多样化的舆情分析服务。

经过我们的调查比较，目前市场上的舆情监测公司所提供的服务更侧重于商业应用，主要针对政府部门和大公司，为其提供公众情绪监测和品牌形象优化提升方案。而在我们的具体场景中，我们将参考已有的舆情监测系统，开发一套针对地缘政治和突发事件的舆情监测系统，用于及时发现资源能源供给能力的变化情况。

系统主要分析步骤及组成部分包括数据采集、建立语料库和文本向量、聚类分析、热点监测和追踪及数据可视化，如图 10.1 所示。

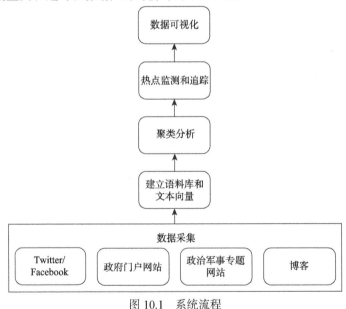

图 10.1   系统流程

10.2.2   数据采集

Twitter 等社交媒体是社会舆情最快捷的反馈渠道，而政府门户网站则是权威信息发布平台，在很大程度上影响着市场情绪的走势。同时，专题网站和众多博客网站中有大量专业评论和分析，可以为决策提供强有力的依据，为此我们选择使用 Twitter/Facebook、政府门户网站、政治军事专题网站和博客作为主要的数据来源，同时加入搜索引擎提供的数据，可以最大限度地覆盖互联网上的信息。

获取数据的主要途径是通过网络爬虫软件。网络爬虫是一个自动提取网页的计算机程序。从一个初始 URL 开始，获取这个 URL 内的其他 URL，将其放入待读取的队列中，循环抓取新网页的数据，直到队列为空为止。在爬取过程中，为了提高效率，也可以根据一定的算法和标准过滤掉与主题无关的 URL，只提取我们关注的内容。网络爬虫对于网络页面的搜索方式包括广度优先搜索、深度优先搜索和最佳优先搜索等。网络爬虫已经成为互联网搜索引擎的重要组成部分，目前商用的网络爬虫软件和专业的网络爬虫公司均提供网络爬虫服务。使用网络爬虫软件进行互联网数据收集的优势在于成本低、定制方式灵活、可控性好等，其劣势在于能够获取的数据一方面取决于网络爬虫策略的设计和软件本身的性能，另一方面也受限于网络数据的开放程度。对于一些并没有在互联网上进行公开的数据，如电商平台的交易数据等，使用网络爬虫软件无法获得。

10.2.3 建立语料库和文本向量

计算机无法读懂整段的中文或英文，需要将自然语言转换成数字信息，将其看作高维空间中的点，用向量表示，才能方便计算不同文档之间的距离和相似性。为此，我们第一步需要建立一个用于分词处理的专业词库。结合历史数据和专家意见，我们归纳出了一系列和地缘政治及突发事件相关的词汇，并为每个词汇标注了重要性和敏感程度，用于后续的分析。

第二步就是基于已有的词库建立文档向量，我们采用（term frequency-inverse document frequency，TF-IDF）模型对文档进行进一步处理。在将文档内容转换为向量形式时，我们要将其转换成 TF-IDF 矩阵，TF-IDF 可以看作对提取特征的一次加权，综合考虑一个单词在文章中出现的频率和在整个语料库中出现的频率来评估一个单词的重要性，如果一个单词在文章中多次出现，则表明这个单词很重要，对于该篇文章的标识作用显著，而如果这个单词在所有文章中均多次出现，则表明它可能是一个通用词汇，对于具体文章的标识作用不显著，不具备文章分类的能力。

$$w_{ij} = \frac{\text{tf}_{ij}}{\text{idf}_i}$$

其中，w_{ij} 表示单词 i 在文档 j 中的权重；tf_{ij} 表示单词 i 在文档 j 中的频率；idf_i 表示单词 i 在所有文档中出现的频率。

10.2.4 聚类分析

我们采用 K-means 方法对采集到的网络文本信息进行聚类分析，同一类文本表示对同一事件的反馈。使用 K-means 首先需要定义距离，我们用如下公式表示文档和聚类在高维空间中的距离：

$$\text{distance}(x,y) = \sqrt{\sum_{i=1}^{n} |x_i - y_i|^2}$$

其中，x 和 y 表示文本向量；n 表示文本向量的维度；x_i 和 y_i 表示文本向量的对应维度的值。

K-means 的算法步骤如下。

（1）从总体中随机选取 k 个样本作为初始均值向量 $\{\mu_1, \mu_2, \cdots, \mu_k\}$，这 k 个样本可以看作各类的中心点。

（2）计算每个样本到各个中心点的距离，距离哪个中心点近，该样本就归属于哪个类。

（3）一轮计算完毕，所有样本已有新的类别归属，重新计算均值向量 $\{\mu_1, \mu_2, \cdots, \mu_k\}$。

（4）重复上述过程，直到均值向量 $\{\mu_1, \mu_2, \cdots, \mu_k\}$ 不再更新。

10.2.5 热点检测和追踪

考虑到事件的热度会随着时间的推移而下降，同一组词汇在不同时间可能代表不同的含义，因此，我们在进行聚类分析的时候需要考虑时间窗口的因素。

对于后续采集到的文本信息，首先计算其与现有各类事件的距离，如果距离小于阈值，则认为这一文本归属于某一观测到的事件，如果距离大于阈值，我们则认为这是一个新的热点。

10.2.6 数据可视化

数据可视化是关于数据视觉表现形式的科学研究。可视化是用一系列的图表、统计图形、信息图表等工具形象直观地向决策者展示研究数据，把决策者从海量的纯文本信息中拯救出来，摆脱枯燥的数据，使决策者可以对现状有更清晰的研判，从而做出科学的规划。

常用的数据可视化方法包括面积或尺寸可视化、颜色可视化、图形可视化、地域空间可视化等，具体方法涉及词云、折线图、条形图、地图、热力图等，而在具体编程实现的过程中，主要使用 JavaScript 和 Echarts 等。

针对本节研究的监测数据展示，我们综合使用多种可视化方法。在整体上采用地域空间可视化，在地图上直观地向决策者展示热点事件的分布位置，以及与资源能源分布位置的关系。而在表示地缘政治和突发事件种类的时候，我们采用图形可视化，用不同的图例表示不同的事件类别，清晰直观，而随着事件的推移在对事件进行跟踪观测的过程中，我们采用热力图表示事件热度的演变，如深红色表示事件不断发酵，而浅灰色表示事件热度逐渐消退等。在研究同一热点事件时，我们使用词云展示事件的核心内容和关键词，方便决策者迅速了解事件起因，同时使用折线图表示事件发酵程度，区分正在扩散和消退的热点。在一些分歧较大的公众事件中，为了实现对网络舆情和公众情绪内容的展示，我们采用情绪热力图表示分歧观点受支持的程度。

　　虽然地缘政治和突发事件监测系统能实时跟踪发生在全球各地的热点，并给出较为准确的热度评分，但每个突发事件与资源能源安全的关系及危险程度，还需要人为判断，机器只能作为辅助手段为决策者呈现客观数据。

第 11 章　资源能源安全监测和分析预警系统的整体架构设计方案

11.1　整体架构设计方案

在上述章节中，我们已经对资源能源安全的检测、预测、预警分别进行了深入介绍、对比和探讨，在本章中，我们将对上述章节的内容进行梳理总结，并对重点部分做出架构图，形成系统性的整体，以更清晰地展示出资源能源安全监测和预测系统的整体架构设计。

整体架构设计一共分为三个部分：底层是大数据平台，是系统的支撑，为系统提供技术支持；中间层是实现方法，是系统的血脉，为系统最终目标的实现提供核心理论及具体实现方式；最上层是项目需求，是系统的灵魂，是整个系统架构的指导方向。接下来将展示前两部分的内容。

11.1.1　大数据平台设计

在整个系统架构当中，位于最底层的是大数据平台架构设计。其主要功能是接入必要的数据来源，并对数据进行有效的存储和管理，其管理架构设计如图 11.1 所示。

11.1.2　实现方法设计

在系统的实现方法层面，其设计方案主要包括三个步骤，即从监测到预测再到预警。首先，对于平台要设计的功能目标，要对必要的数据来源和关键要素进行有效的监测；其次，在长时间监测的基础上，使用分析预测模型对监测指标长、中、短期发展趋势进行预测；最后，根据预测的结果做出分析指标，同时结合专家研判结果做出风险预警。

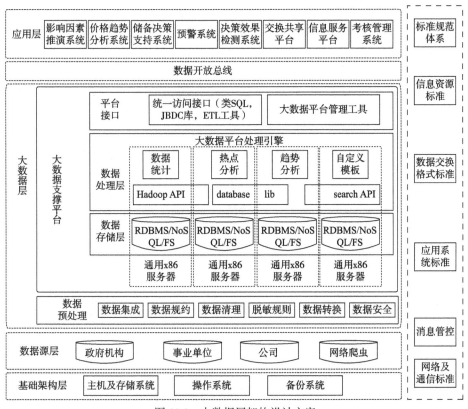

图 11.1　大数据层架构设计方案

SQL（structured query language，结构化查询语言），JDBC（Java database connectivity，Java 数据库连接），ETL（extract-transform-load，提取转换和加载技术），Hadoop（一种分布式文件系统），database lib（数据库操作集合），search API（查询应用程序接口），RDBMS（relational database management system，关系数据库管理系统），NoSQL（not only structured query language，非关系型数据库），FS（file system，文件系统）

1. 监测体系

在监测体系的设计方面，设计方案包括三个层面。第一个层面是监测源，我们需要从传统数据来源和大数据来源两个方面确定数据的监测源。第二个层面是监测指标，需要从供需因素、市场因素、资源价格等方面确定需要监测的具体指标。第三个层面是监测对象，需要从动态监测入手，根据监测目的的不同选择不同的监测对象，最终生成战略咨询，如图 11.2 所示。关于监测源的设计方案根据传统数据来源和大数据来源两种不同的来源，其具体设计方案如图 11.3 所示。关于监测指标的设计方案如图 11.4 所示。

2. 预测体系

在预测体系的设计方面，我们给出了模型选择和决策对象两个层面的设计方案（图 11.5）。其中模型选择包括预测模型类型和模型对比两个步骤，在决策对象方面，根据需要决策的品种不同，进行大宗商品的价格预测和大宗商品的风险揭示两个不同任务的决策设计。

在模型的库的建立过程中，我们需要根据预测的特点不同、所采用的模型技术手段方法不同，建立丰富而完善的风险指标预测模型库。并在模型库的基础上，使用 TEI@I 方法论对模型进行优选。TEI@I 方法论对模型进行优选的设计方案如图 6.4 所示。

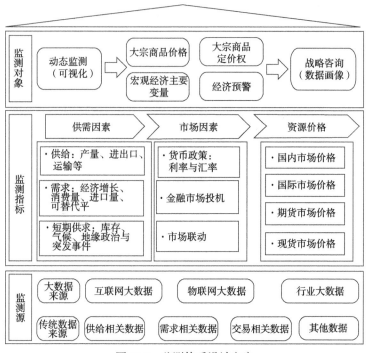

图 11.2　监测体系设计方案

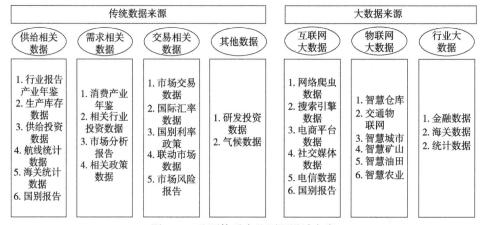

图 11.3　监测体系中监测源设计方案

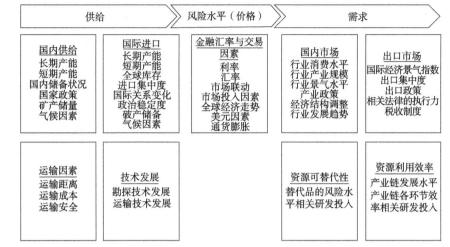

图 11.4　监测体系中监测指标设计方案

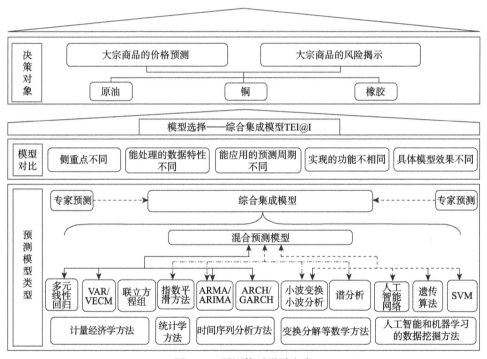

图 11.5　预测体系设计方案

11.2　大数据的应用方案设计

结合大数据的特性、来源和模型与应用特点，本节设计了适合资源能源安全预测预警的大数据应用方案架构。应用方案的整体架构如图 11.6 所示。

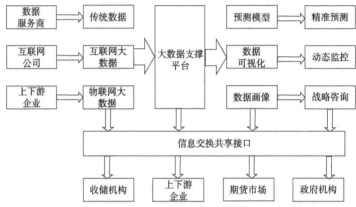

图 11.6　资源能源安全预测预警的大数据应用方案架构

应用方案的设计主要由三个主要板块构成：数据接入板块、数据应用板块和数据共享板块，三个板块的核心是大数据支撑平台。数据接入板块的功能是将海量多源异构的大数据来源接入大数据支撑平台当中，供数据应用板块和数据共享板块调用。数据应用板块的核心功能是调用大数据支撑平台提供海量数据，通过经相应的模型管理工具加工之后对外提供精准预测、动态监控、战略咨询等服务应用。数据共享板块是将大数据平台接入的原始数据及经过模型工具加工之后的数据应用服务向外部提供共享接口，供相关的用户机构使用。大数据支撑平台的核心功能是数据的接入、存储、计算和查询。我们以橡胶为例，介绍大数据应用方案所能发挥的主要作用。

1. 数据接入板块

数据接入板块主要是将传统数据、互联网大数据和物联网大数据接入大数据支撑平台当中。对于传统数据，平台可以依然使用数据库作为数据存储的主要方式，而对于大数据来源，传统的数据库结构将无法满足数据的存储和管理需求，因此需要使用分布式文件系统（Hadoop distributed file system，HDFS）等分布式文件管理系统作为数据存储的主要模式。在 HDFS 之上，安装 HBase（一个分布式、面向列的开源数据库）、Hive（Hadoop 的一个数据仓库工具）等分布式数据库系统进行管理。针对数据接入板块，大数据支撑平台主要提供数据的存储和管理服务。通过一系列规则检查过程，确保数据能够准确有效地、正确地接入数据平台当中，并且在日后能够方便地查找和管理这些数据。

2. 数据应用板块

数据应用板块的核心任务是对大数据资源进行合理的应用。在资源能源安全领域比较成熟的应用模式包括三个方面：精准预测、战略咨询、动态监控。

在精准预测方面，板块的核心任务是对橡胶生产、消费各环节中的主要动态指标进行预测，其中包括产量预测、消费量预测、价格预测等。根据可获得的数据不同，所能够采用的模型也将会不尽相同。对于能够获取大数据的预测指标，应当尽可能考虑开发适应性较强的深度学习模型，对于无法获得大数据的预测指标，则建议使用 TEI@I 模型。对于可以同时获得大数据和传统数据的预测指标，则建议同时使用 TEI@I 模型和深度学习模型，并同时将深度学习模型的预测结果接入 TEI@I 框架之中，使用 Boosting（提升）方法融合两种模型，获得最优的预测效果。使用产量预测、消费量预测、价格预测的结果，可以对未来可能出现的情况进行比较精确的把握，从而设置合适的预警门限，根据门限进行指标预警。

在战略咨询方面，板块主要应用到的技术是数据画像。在大数据平台中的数据不断积累的同时，储备局的平台应用部门应当根据需求不断地从大数据当中抽取不同的标签数据，并建立相应的数据标签库。以橡胶为例，可能需要建立：①橡胶的生产标签；②橡胶的需求标签；③对橡胶供给有重要影响的国际联盟政策标签；④橡胶的库存水平标签；⑤美元汇率及美国的货币政策标签；⑥橡胶市场活动信心标签；⑦地缘政治和突发事件舆情标签等多个方面数据标签。数据标签的获得可以综合使用搜索引擎数据、电商平台及社交媒体三个方面的平台数据。当标签数据获得足够积累之后，则可以对橡胶这一储备物资进行全方位的描述，并获得这些描述内容随着时间变化的动态演进过程。通过定期地汇总数据画像中的品种描述信息，则可以形成长周期的橡胶产业和资源储备形势报告。相关专家和决策机构可以根据报告所提供的翔实数据进行进一步的形式分析和推研，组织相关专家进行专业研判，从而为决策提供支持。

在动态监控方面，板块需要综合利用精准预测和数据画像的结果，使用数据可视化技术将所收集到的数据进行集中的动态展示。动态监控模块需要提供两种形式的数据展示方式：一种是基于网页的浏览器展示方式，其优势在于数据监控结构可以方便地在任何一位平台用户的电脑终端上进行展示；另一种展示方式是基于大屏幕的监控中心展示方式，这种展示方式的优势在于可以建立数据展示和决策指挥中心，决策者可以在一个区域内全方位地看到所有的监控数据，便于在较短的时间内进行研判和综合决策。此外，对于数据预测的结果，还需要设计必要的预测数据预警门限，当监控数据或是预测数据达到某一门限值之后，需要有专门的通知渠道（通常是直接短信通知）通知相关的监控和决策人员。

　　在数据应用板块方面，大数据支撑平台的主要任务是提供充足的弹性计算资源，使得对于大数据进行处理的模型算法能够获得相应的计算能力支撑。这种支撑包括两个方面：一方面需要有 Hadoop、Spark、Map-reduce 等专门为并行数据处理的而开发的技术支持；另一方面需要有面向深度学习模型的图形处理器（graphics processing unit，GPU）高性能计算资源的支撑。

　　3. 数据共享板块

　　数据共享板块的核心任务是向外界提供大数据应用平台的数据和应用服务。数据共享板块的对外服务提供方式包括三种：第一种是应用程序、网页等形式的成形服务提供接口；第二种是基于 API 形式的应用服务调用接口，用户能够根据自身的需求，在应用服务的基础上进行二次开发，如定制自身的展示界面或是将多个数据和计算结果进行进一步的综合计算；第三种是数据和服务接入接口，使用该接口，用户能够按照一定的规范将自己的数据和服务也接入平台当中，从而实现平台的服务数据交易功能，最终形成类似 app store（软件商店）的软件环境。

　　数据共享板块的应用模式包括两种方式：一种是内向型的应用模式，即平台只针对政府部门、机构或企业的系统开放，服务对象是该机构或企业的相关业务部门和分支机构，重点支持战略咨询和决策；另一种是行业外向型的应用模式，其服务对象包括其他相关政府部门、期货市场、上下游企业等。对于内向型的应用模式，其数据共享板块的业务支持能力不需要特别强，甚至可以直接合并到其他两个板块之中，如直接使用应用模块所提供的数据展示和分享 API 即可。对于外向型的应用模式，则需要大数据支撑平台有非常强的用户服务并发支持能力。

　　在外向型的应用模式下，大数据支撑平台将会变为一个数据交换和服务共享平台的中心节点，各个服务用户有可能需要建设相应的分支数据中心和服务支撑平台。外部用户需要这些分支的数据中心和服务支撑平台来提供相应的数据访问存储支持能力及应用服务能力，而大数据服务中心只提供相应的服务和数据寻址功能。通过这样的分布式结构设计，一方面可以减轻政府部门或企业大数据平台建设和运行的巨大压力；另一方面避免了用户出于自身利益的保护等动机，不愿意将自己的服务部署到政府部门平台上的问题。外向型平台的构建本质上使得大数据应用框架成为一个开放的可扩展分布式服务框架，其所能提供的服务规模和能力将会大大地超过内向型平台。更重要的是，外向型平台可以将一部分平台的建设和服务的运营成本分摊到接入平台的机构当中，尽管前期需要大量的资金投入，但从长远来看反而是一种更为经济的运营手段。

　　4. 大数据支撑平台

　　大数据支撑平台作为整个大数据应用方案的核心模块，下面我们将对平台的概要设计进行介绍。

11.3 大数据支撑平台概要设计

1. 总体架构设计

大数据平台以大数据处理技术为基础，集数据资源采集、数据整合、数据融合、数据共享、数据管理及各种应用功能于一体的综合性数据平台。将来自石油、工业金属等相关行业的数据源进行统一的数据抽取和转换平台处理，得到标准化的数据集。通过数据抽取、转换和加载工具，将清洗好的数据加载到大数据平台中进行存储，因为汇聚了多个源的数据，通常数据量非常大，所以大数据平台需要具有良好的可扩展性。通过对加载到大数据平台中的数据进行数据分析和数据挖掘，从而为决策工作提供参考依据。图 11.1 就是整体的大数据平台设计方案。

2. 功能结构设计

（1）操作系统：采用自主可控的操作系统，增强对数据源及分析数据的保护。

（2）备份系统：通过多种备份手段，保证系统的正常运转及良好的应对突发情况的能力。

（3）数据源：数据源采集自关系国计民生和国家安全的战略原料物资储备的相关单位及机构，以及相关统计机构及公司。

（4）清洗梳理：清洗梳理层主要是对数据进行采集、梳理、格式转换、打表、关联、标准化等，将多种格式、多种源头的数据源中的数据转换到教学科研资源公共服务大数据平台中。

（5）大数据存储和处理集群：提供对数据的分布式存储和计算的功能，实现对不同类型数据的统一存储和处理。提供包括批处理引擎、内存计算引擎、流计算引擎在内的多种计算引擎，支撑多样化的数据处理的需求。

（6）大数据资源管理：根据数据的特性、数据的使用特性及数据之间的关系，对大数据存储和处理集群中的数据资源进行进一步分类和梳理，形成原始数据库、历史数据库、标准数据库、专题数据库等各种数据资源，以满足不同的数据服务需求。

（7）大数据应用：对外提供数据检索、统计、分析、挖掘和可视化服务，通过这些数据服务，大数据平台的用户可以实现对数据的分析和处理。此外，数据服务层还提供各种开发和调用的 API，可以支撑各种数据分析和挖掘的业务开发，也可以支撑大数据分析任务的提交和运行。

参 考 文 献

鲍叶静，余乐安，汪寿阳.2008. 小波变换在油价分析预测中的应用[M]//汪寿阳，余乐安，房勇，
　　等. 国际油价波动分析与预测. 长沙：湖南大学出版社：109-117.

部慧，何亚男.2011. 考虑投机活动和库存信息冲击的国际原油期货价格短期波动[J]. 系统工程
　　理论与实践，31（4）：691-701.

部慧，何亚男，汪寿阳.2008. 国际油价短期波动研究[M]//汪寿阳，余乐安，房勇，等.国际油
　　价波动分析与预测. 长沙：湖南大学出版社：18-34.

蔡纯.2009. 石油价格波动金融影响因素的实证研究——基于月度数据的 VAR 模型分析[J]. 价
　　格理论与实践，（10）：52-53.

陈曦，庞叶，汪寿阳，等.2008. 一种新的集成预测方法——GPVECM[J]. 系统工程理论与实践，
　　（4）：108-112，123.

陈曦，杨力.2009. 我国燃油期货与国际原油价格关系的实证分析[J]. 西南石油大学学报（社会
　　科学版），（5）：22-25.

高金余，刘庆富.2007. 伦敦与上海期铜市场之间的信息传递关系研究[J]. 金融研究，（2）：
　　63-73.

高铁梅，赵昕东，梁云芳.2002.2002 年中国经济发展分析与预测[J]. 数量经济技术经济研究，
　　（6）：17-19.

宫雪，温渤，部慧，等.2008. 基于基金持仓的国际原油期货价格预测[M]//汪寿阳，余乐安，房
　　勇，等.国际油价波动分析与预测. 长沙：湖南大学出版社：95-108.

韩立岩，尹力博.2012. 投机行为还是实际需求?——国际大宗商品价格影响因素的广义视角分
　　析[J]. 经济研究，（12）：83-96.

韩立岩，郑葵方.2008. 铜期货市场信息的国际传递[J]. 管理评论，（1）：9-16，25，63.

何小明，房勇，汪寿阳.2008a. 基于 VARX 与 VECM 模型的年度国际原油价格预测[M]//汪寿
　　阳，余乐安，房勇，等. 国际油价波动分析与预测. 长沙：湖南大学出版社：149-158.

何小明，余乐安，汪寿阳.2008b. 国际油价影响因素的综合分析[M]//汪寿阳，余乐安，房勇，
　　等.国际油价波动分析与预测. 湖南：湖南大学出版社：42-52.

何亚男，房勇，汪寿阳.2008. 动态因子方法预测原油价格[M]//汪寿阳，余乐安，房勇，等. 国

际油价波动分析与预测. 湖南：湖南大学出版社：87-94.

胡爱梅，王书平. 2012. 基于 ARIMA 与 GARCH 模型的国际油价预测比较分析[J]. 经济研究导刊，（26）：196-199.

胡波. 2018. 商品期货高频交易价格趋势实证分析——以黄金期货市场为例[J]. 价格理论与实践，（1）：114-117.

黄牧涛，田勇. 2007. 组合智能决策支持系统研究及其应用[J]. 系统工程理论与实践，27（4）：114-119.

黄卿，谢合亮. 2018. 机器学习方法在股指期货预测中的应用研究——基于 BP 神经网络、SVM 和 XGBoost 的比较分析[J]. 数学的实践与认识，48（8）：297-307.

李成，周恒. 2013. 原油价格改进型神经网络预测方法[J]. 统计与决策，（8）：67-69.

李红权. 2010. 区间计量方法及其在油价预测中的应用研究[J]. 计算机工程与应用，46（6）：23-25.

李建立，万勇韬，张志刚. 2014. 基于多因素 SVM 的油价预测模型研究[J]. 数学的实践与认识，44（6）：61-67.

李敬辉，范志勇. 2005. 利率调整和通货膨胀预期对大宗商品价格波动的影响——基于中国市场粮价和通货膨胀关系的经验研究[J]. 经济研究，（6）：61-68.

李艺，部慧，汪寿阳. 2008. 基金持仓与商品期货价格关系的实证研究——以铜期货市场为例[J]. 系统工程理论与实践，28（9）：10-19.

李艺，部慧，王拴红，等. 2006. 大宗商品进出口——高增长之下的隐忧[R]. 中国科学院预测科学研究中心研究报告，CEFS-06-012.

李艺，汪寿阳. 2007. 大宗商品国际定价权研究[M]. 北京：科学出版社.

梁强，范英，魏一鸣. 2005. 基于小波分析的石油价格长期趋势预测方法及其实证研究[J]. 中国管理科学，（1）：30-36.

梁强，范英，魏一鸣. 2008. 基于 PMRS 的期货加权油价多步预测方法[J]. 管理科学学报，11（6）：84-90.

林盛，叶馨，刘金培. 2011. 基于多因素小波回归分析的国际原油价格分析与预测[J]. 西安电子科技大学学报（社会科学版），21（6）：55-62.

刘金培，林盛，郭涛，等. 2011. 一种非线性时间序列预测模型及对原油价格的预测[J]. 管理科学，24（6）：104-112.

刘立涛，沈镭，刘晓洁. 2012. 能源安全研究的理论与方法及其主要进展[J]. 地理科学进展，31（4）：403-411.

陆凤彬，李艺，部慧，等. 2007. 商品期货市场 2006 年回顾与 2007 年展望[R]. 中国科学院预测科学研究中心研究报告，CEFS-07-005.

陆凤彬，汪寿阳. 2008. 全球石油市场信息溢出研究[M]//汪寿阳，余乐安，房勇，等. 国际油价波动分析与预测. 长沙：湖南大学出版社：3-17.

庞叶，许伟，王珏，等. 2008. 基于小波神经网络的油价预测[M]//汪寿阳，余乐安，房勇，等. 国际油价波动分析与预测. 长沙：湖南大学出版社：118-130.

钱学森，于景元，戴汝为. 1990. 一个科学新领域——开放的复杂巨系统及其方法论[J]. 自然杂志，13（1）：3-10，64.

尚永庆，王震，陈冬月. 2012. Hull-White 模型和二叉树模型在预测油价及油价波动风险上的应用[J]. 系统工程理论与实践，32（9）：1996-2002.

沈虹，何建敏，赵伟雄. 2009. PPI 指数对沪铜期货市场影响的实证研究[J]. 统计与决策，（3）：130-131.

舒光复. 2001. 综合集成系统重构及宏观经济研究中的应用[J]. 系统工程学报，16(5)：349-353.

舒通. 2008. 基于变系数回归模型的石油价格预测[J]. 数理统计与管理，27（5）：815-820.

汤珂. 2014. 积极争取国际大宗商品定价权[J]. 红旗文稿，（18）：18-20.

汪寿阳，余乐安，房勇，等. 2008. 国际油价波动分析与预测[M]. 长沙：湖南大学出版社.

王珏，鲍勤. 2009. 基于小波神经网络的中国能源需求预测模型[J]. 系统科学与数学，（11）：1542-1551.

王书平，吴振信，张蜀林. 2009. 季节-谐波油价预测模型研究[J]. 数理统计与管理，（3）：395-401.

王振全，徐山鹰. 2000. 协整模型与预测——中国外贸出口的定量研究[J]. 国际贸易，（1）：23-26.

王志刚. 2013. "中国因素"对国际铜价影响的实证分析[J]. 价格理论与实践，（11）：68-69.

温渤，郑桂环，徐山鹰，等. 2009. 面向辅助决策的宏观经济监测预警系统研究[J]. 运筹与管理，18（2）：11-19.

肖龙阶，仲伟俊. 2009. 基于 ARIMA 模型的我国石油价格预测分析[J]. 南京航空航天大学学报（社会科学版），（4）：41-46.

许伟，王珏，汪寿阳. 2008. 基于粗糙集和小波神经网络的油价影响因素分析[M]//汪寿阳，余乐安，房勇，等. 国际油价波动分析与预测. 长沙：湖南大学出版社：34-41.

闫妍，许伟，部慧，等. 2007. 基于 TEI@I 方法论的房价预测方法[J]. 系统工程理论与实践，27（7）：1-9，51.

杨建辉，潘虹. 2008. 国际原油价格、人民币实际汇率与中国宏观经济研究[J]. 系统工程理论与实践，28（1）：1-8.

杨善林，朱卫东，任明仑. 2004. 基于学习的证券市场专家预测意见合成研究[J]. 系统工程学报，19（1）：94-98.

杨云飞，鲍玉昆，胡忠义，等. 2010. 基于 EMD 和 SVMs 的原油价格预测方法[J]. 管理学报，7（12）：1884-1889.

尹宝才，王文通，王立春. 2015. 深度学习研究综述[J]. 北京工业大学学报，41（1）：48-59.

于景元，周晓纪. 2002. 从定性到定量综合集成方法的实现和应用[J]. 系统工程理论与实践，（10）：26-32.

余乐安，汪寿阳，黎建强. 2006. 外汇汇率与国际原油价格波动预测：TEI@I 方法论[M]. 长沙：
  湖南大学出版社.

张文，部慧，汪寿阳. 2011. 基于优选模型的季度国际油价预测系统构建[J]. 系统工程学报，26
  （1）：9-16，30.

张文，王珏，部慧，等. 2012. 基于时差相关多变量模型的金融危机前后国际原油价格影响因素
  分析[J]. 系统工程理论与实践，32（6）：1166-1174.

张文，许伟，余乐安，等. 2008. 基于 LSI 的文本聚类在影响油价事件分类中的应用[M]//汪寿阳，
  余乐安，房勇，等.国际油价波动分析与预测. 长沙：湖南大学出版社：73-83.

张珣，鲍叶静，何亚男，等. 2008. 突发事件对油价的影响分析[M]//汪寿阳，余乐安，房勇，等.
  国际油价波动分析与预测. 长沙：湖南大学出版社：53-64.

张珣，余乐安，黎建强，等. 2009. 重大突发事件对原油价格的影响[J]. 系统工程理论与实践，
  29（3）：10-15.

张一，徐山鹰，汪寿阳. 2003. 一类基于神经元网络的误差纠正模型的应用——2003 年度中国
  出口预测[J]. 预测，22（3）：21-26.

张玉川，张作泉. 2007. 支持向量机在股票价格预测中的应用[J]. 北京交通大学学报，31（6）：
  73-76.

郑葵方，韩立岩. 2008. 国际铜期货市场整合：沪铜国际影响凸显[J]. 数理统计与管理，27（4）：
  701-711.

中国科学院管理、决策与信息系统重点实验室. 2009. 金融危机下 2009 年全球主要商品期货价
  格预测[R]. 中国科学院预测科学研究中心研究报告.

朱晋. 2004. 市场因素影响商品期货价格的多元模型分析[J]. 数量经济技术经济研究，（1）：
  75-79.

朱学红，冯宇文，郭尧琦. 2015. 金融因素对期铜价格波动影响的实证研究[J]. 中南大学学报（社
  会科学版），（2）：124-129.

Abosedra S，Baghestani H. 2004. On the predictive accuracy of crude oil futures prices[J]. Energy
  Policy，32（12）：1389-1393.

Abry P，Veitch D. 1998. Wavelet analysis of long-range-dependent traffic[J]. IEEE Transactions on
  Information Theory，44（1）：2-15.

Adelman M A. 1995. The Genie Out of the Bottle：World Oil since 1970[M]. Cambridge：The MIT
  Press.

Adelman M A. 2002. World oil production and prices 1947-2000[J]. The Quarterly Review of
  Economics and Finance，42（2）：169-191.

Alvarez-Ramirez J，Cisneros M，Ibarra-Valdez C，et al. 2002. Multifractal Hurst analysis of crude oil
  prices[J]. Physica A：Statistical Mechanics and Its Applications，313（3/4）：651-670.

Andersen T G，Bollerslev T，Diebold F X，et al. 2003. Micro effects of macro announcements：

real-time price discovery in foreign exchange[J]. American Economic Review, 93 (1): 38-62.

APERC. 2007. Quest for energy security in the 21st century: resources and constraints[R]. Tokyo: Asia Pacific Energy Research Centre.

Askari H, Krichene N. 2008. Oil price dynamics (2002-2006) [J]. Energy Economics, 30 (5): 2134-2153.

Belke A H, Bordon I G, Hendricks T W. 2014. Monetary policy, global liquidity and commodity price dynamics[J].North American Journal of Economics and Finance, 28: 1-16.

Blomberg S B, Harris E S. 1995. The commodity-consumer price connection: fact or fable?[J]. Economic Policy Review, 1 (3): 21-38.

Bollerslev T. 1986. Generalized autoregressive conditional heteroskedasticity[J]. Journal of Econometrics, 31 (3): 307-327.

Bu H. 2011. Price dynamics and speculators in crude oil futures market[J]. Systems Engineering Procedia, 2: 114-121.

Bu H. 2014. Effect of inventory announcements on crude oil price volatility[J]. Energy Economics, 46: 485-494.

Buchanan W K, Hodges P, Theis J. 2001. Which way the natural gas price: an attempt to predict the direction of natural gas spot price movements using trader positions[J]. Energy Economics, 23 (3): 279-293.

Cao L Y, Hong Y G, Zhao H Z, et al. 1996. Predicting economic time series using a nonlinear deterministic technique[J]. Computational Economics, 9 (2): 149-178.

Carriero A, Marcellino M. 2007. A comparison of methods for the construction of composite coincident and leading indexes for the UK[J]. International Journal of Forecasting, 23 (2): 219-236.

Chambers M J, Bailey R E. 1996. A theory of commodity price fluctuations[J]. Journal of Political Economy, 104 (5): 924-957.

Choi K, Hammoudeh S, Kim W J. 2011. Effects of US macroeconomic shocks on international commodity prices. Emphasis on price and exchange rate pass-through effects[J]. International Economic Studies, 38 (1): 25-50.

Cologni A, Manera M. 2008. Oil prices, inflation and interest rates in a structural cointegrated VAR model for the G-7 countries[J]. Energy Economics, 30 (3): 856-888.

Cooper J C B. 2003. Price elasticity of demand for crude oil: estimates for 23 countries[J]. OPEC Review, 27 (1): 1-8.

Coppola A. 2008. Forecasting oil price movements: exploiting the information in the futures market[J]. Journal of Futures Markets, 28 (1): 34-56.

de Roon F A, Nijman T E, Veld C. 2000. Hedging pressure effects in futures markets[J]. Journal of

Finance，55（3）：1437-1456.

Deaton A，Laroque G，1996. Competitive storage and commodity price dynamics[J]. Journal of Political Economy，104（5）：896-923.

Deng Y，Bao F，Kong Y Y，et al. 2017. Deep direct reinforcement learning for financial signal representation and trading[J]. IEEE Transactions on Neural Networks and Learning Systems，28（3）：653-664.

European Commission. 2006. A European strategy for sustainable，competitive and secure energy[R]. Brussels：European Commission.

Fan Y，Liang Q，Wei Y M. 2008. A generalized pattern matching approach for multi-step prediction of crude oil price[J]. Energy Economics，30（3）：889-904.

Fong W M，See K H. 2002. A Markov switching model of the conditional volatility of crude oil futures prices[J]. Energy Economics，24（1）：71-95.

Forni M，Hallin M，Lippi M，et al. 2000. The generalized dynamic-factor model：identification and estimation[J]. Review of Economics and Statistics，82（4）：540-554.

Forni M，Hallin M，Lippi M，et al. 2005. The generalized dynamic factor model: one-sided estimation and forecasting[J]. Journal of the American Statistical Association，100(471)：830-840.

Franses P H. 2008. Merging models and experts[J]. International Journal of Forecasting，24（1）：31-33.

Ghouri S S. 2006. Assessment of the relationship between oil prices and US oil stocks[J]. Energy Policy，34：3327-3333.

Gonzalo J，Granger C. 1995. Estimation of common long-memory components in cointegrated systems[J]. Journal of Business & Economic Statistics，13（1）：27-35.

Goodwin P，Fildes R，Lawrence M，et al. 2007. The process of using a forecasting support system[J]. International Journal of Forecasting，23：391-404.

Gori F，Ludovisi D，Cerritelli P F. 2007. Forecast of oil price and consumption in the short term under three scenarios：parabolic，linear and chaotic behaviour[J]. Energy，32（7）：1291-1296.

Gorton G，Rouwenhorst K G. 2006. Facts and fantasies about commodity futures[J]. Financial Analysts Journal，62（2）：47-68.

Grossmann A，Morlet J. 1984. Decomposition of Hardy functions into square integrable wavelets of constant shape[J]. SIAM Journal on Mathematical Analysis，15：723-736.

Hamilton J D. 1983. Oil and the macroeconomy since World War II [J]. Journal of Political Economy，91（2）：228-248.

Hamilton J D. 1989. A new approach to the economic analysis of nonstationary time series and the business cycle[J]. Econometrica，57：357-384.

Hamilton J D. 2009. Causes and consequences of the oil shock of 2007-08[J]. Brookings Papers on

Economic Activity，40（1）：215-261.

Hammoudeh S，Li H M . 2004. The impact of the Asian crisis on the behavior of US and international petroleum prices[J]. Energy Economics，26（1）：135-160.

Hartzmark M L. 1991. Luck versus forecast ability：determinants of trader performance in futures markets[J]. Journal of Business，64：49-74.

Hasbrouck J. 1995. One security，many markets：determining the contributions to price discovery[J]. Journal of Finance，50（4）：1175-1199.

Hinton G E，Osindero S，Teh Y W. 2006. A fast learning algorithm for deep belief nets[J]. Neural Computation，18（7）：1527-1554.

Huntington H G. 2010. Short- and long-run adjustments in U.S. petroleum consumption[J]. Energy Economics，32（1）：63-72.

IMF. 2008. World economic outlook：housing and the business cycle[R]. Washington D C: International Monetary Fund.

JESS. 2006. JESS- long-term security of energy supply[ET/OL]. http://webarchive.nationalarchives. gov.uk/+/http://www.berr.gov.uk/files/file35989.pdf.

Jones D W，Leiby P N，Paik I K. 2004. Oil price shocks and the macroeconomy：what has been learned since 1996[J]. The Energy Journal，25（2）：1-32.

Kalev P S，Liu W M，Pham P K，et al. 2004. Public information arrival and volatility of intraday stock returns[J]. Journal of Banking and Finance，28：1441-1467.

Kapetanios G，Tzavalis E. 2010. Modeling structural breaks in economic relationships using large shocks[J]. Journal of Economic Dynamics and Control，34（3）：417-436.

Kaufmann R K，Ullman B. 2009. Oil prices，speculation，and fundamentals：interpreting causal relations among spot and futures prices[J]. Energy Economics，31（4）：550-558.

Kesicki F. 2010. The third oil price surge what's different this time?[J]. Energy Policy，38（3）：1596-1606.

Khayamian T，Ensafi A A，Tabaraki R，et al. 2005. Principal component-wavelet neural networks as a new multivariate calibration method[J]. Analytical Letters，38（9）：1477-1489.

Kilian L. 2009. Not all oil price shocks are alike: disentangling demand and supply shocks in the crude oil market[J]. American Economic Review，99（3）：1053-1069.

Krichene N. 2002. World crude oil and natural gas：a demand and supply model[J]. Energy Economics，24：557-576.

Krichene N. 2008. Recent inflationary trends in world commodity markets[R]. International Monetary Fund Working Papers.

Kruyt B，van Vuuren D P，de Vries H J M，et al. 2009.Indicators for energy security[J]. Energy Policy，37（6）：2166-2181.

Lanza A, Manera M, Giovannini M. 2005. Modeling and forecasting cointegrated relationships among heavy oil and product prices[J]. Energy Economics, 27（6）：831-848.

LeCun Y, Bengio Y, Hinton G. 2015. Deep learning[J]. Nature, 521（7553）：436-444.

LeCun Y, Bottou L, Bengio Y, et al. 1998. Gradient-based learning applied to document recognition[J]. Proceedings of the IEEE, 86（11）：2278-2324.

Lee K, Ni S, Ratti R A. 1995. Oil shocks and the macroeconomy：the role of price variability[J]. The Energy Journal, 16：39-56.

Leuthold R M, Garcia P, Lu R. 1994. The returns and forecasting ability of large traders in the frozen pork bellies futures market[J]. Journal of Business, 67：459-473.

Lin T, Guo T, Aberer K. 2017. Hybrid neural networks for learning the trend in time series[R]. Proceedings of the 26th International Joint Conference on Artificial Intelligence.

Linn S C, Zhu Z. 2004. Natural gas prices and the gas storage report：public news and volatility in energy futures markets[J]. Journal of Futures Markets, 24（3）：283-313.

Lu X, Tsao Y, Matsuda S, et al. 2013. Speech enhancement based on deep denoising autoencoder[R]. Proceeding of Interspeech.

McCalla A F. 2009. World food prices：causes and consequences[J]. Canadian Journal of Agricultural Economics/Revue Canadienne d' Agroeconomie, 57：23-34.

Morana C. 2001. A semiparametric approach to short-term oil price forecasting[J]. Energy Economics, 23（3）：325-338.

Mu X Y. 2007. Weather, storage, and natural gas price dynamics：fundamentals and volatility[J]. Energy Economics, 29（1）：46-63.

Ng A, Ngiam J, Foo C Y, et al. 2014. Deep learning[J]. http://www.ipam.ucla.edu/publicauons/gss2012/gss2012_10595.pdf.

Nolte I, Pohlmeier W. 2007. Using forecasts of forecasters to forecast[J]. International Journal of Forecasting, 23（1）：15-28.

Parsons J E. 2010. Black gold & fool's gold：speculation in the oil futures market[R]. Economía, 10：81-116.

Pindyck R S. 1994. Inventories and the short-run dynamics of commodity prices[J]. The RAND Journal of Economics, 25（1）：141-159.

Pindyck R S. 2004. Volatility in natural gas and oil markets[J]. Journal of Energy and Development, 30：1-19.

Routledge B R, Seppi D J, Spatt C S. 2000. Equilibrium forward curves for commodities[J]. The Journal of Finance, 55（3）：1297-1338.

Sadorsky P. 2000. The empirical relationship between energy futures prices and exchange rates[J]. Energy Economics, 22（2）：253-266.

Sadorsky P. 2002. Time-varying risk premiums in petroleum futures prices[J]. Energy Economics, 24 (6): 539-556.

Sadorsky P. 2006. Modeling and forecasting petroleum futures volatility[J]. Energy Economics, 28 (4): 467-488.

Sanders D R, Boris K, Manfredo M. 2004. Hedgers, funds, and small speculators in the energy futures markets: an analysis of the CFTC's Commitments of Traders reports[J]. Energy Economics, 26 (3): 425-445.

Sari R, Hammoudeh S, Soytas U. 2010. Dynamics of oil price, precious metal prices, and exchange rate[J]. Energy Economics, 32 (2): 351-362.

Serletis A. 1994. A cointegration analysis of petroleum futures prices[J]. Energy Economics, 16(2): 93-97.

Shensa M J. 1992. The discrete wavelet transform: wedding the a trous and Mallat algorithms[J]. IEEE Transactions on Signal Processing, 40 (10): 2464-2482.

Stock J H, Watson M W. 1988. Variable trends in economic time series[J]. Journal of Economic Perspectives, 2 (3): 147-174.

Stock J H, Watson M W. 2002a. Forecasting using principal components from a large number of predictors[J]. Journal of the American Statistical Association, 97 (460): 1167-1179.

Stock J H, Watson M W. 2002b. Macroeconomic forecasting using diffusion indexes[J]. Journal of Business and Economic Statistics, 20: 147-162.

Stock J H, Watson M W. 2005. Implications of dynamic factor models for VAR analysis[R]. National Bureau of Economic Research.

Torres J F, Troncoso A, Koprinska I, et al. 2018. Deep learning for big data time series forecasting applied to solar power[C]. The 13th International Conference on Soft Computing Models in Industrial and Environmental Applications. Cham:Springer.

Wang S Y, Yu L, Lai K K. 2005. Crude oil price forecasting with TEI@I methodology[J]. Journal of Systems Science & Complexity, 18 (2): 145-166.

Wen B, Gong X, Bu H, et al. 2008. Weekly crude oil futures price forecast based on trader positions of COT report[R]. Proceedings of the 2008 International Conference on e-Risk Management (IceRM 2008).

Wong H, Ip W C, Xie Z J, et al. 2003. Modelling and forecasting by wavelets, and the application to exchange rates[J]. Journal of Applied Statistics, 30 (5): 537-553.

Yang C W, Hwang M J, Huang B N. 2002. An analysis of factors affecting price volatility of the US oil market[J]. Energy Economics, 24 (2): 107-119.

Ye M, Zyren J, Shore J. 2005. A monthly crude oil spot price forecasting model using relative inventories[J]. International Journal of Forecasting, 21 (3): 491-501.

Ye M, Zyren J, Shore J. 2006. Short-run crude oil price and surplus production capacity[J]. International Advances in Economic Research, 12（3）: 390-394.

Yousefi S, Weinreich I, Reinarz D. 2005. Wavelet-based prediction of oil prices[J]. Chaos, Solitons & Fractals, 25（2）: 265-275.

Yu K, Lin Y Q, Lafferty J. 2011. Learning image representations from the pixel level via hierarchical sparse coding[R]. IEEE Conference on Computer Vision and Pattern Recognition（CVPR）: 1713-1720.

Yu L A, Wang S Y, Lai K K. 2005. A novel nonlinear ensemble forecasting model incorporating GLAR and ANN for foreign exchange rates[J]. Computers & Operations Research, 32（10）: 2523-2541.

Yu L A, Wang S Y, Lai K K. 2007. Foreign Exchange Rate Forecasting With Artificial Neural Networks[M]. Boston: Springer.

Yu L A, Wang S Y, Lai K K. 2008. Forecasting crude oil price with an EMD-based neural network ensemble learning paradigm[J]. Energy Economics, 30（5）: 2623-2635.

Zhang Q, Benveniste A. 1992. Wavelet networks[J]. IEEE Transactions on Neural Networks, 3（6）: 889-898.

Zhang X, Lai K K, Wang S Y. 2008. A new approach for crude oil price analysis based on Empirical Mode Decomposition[J]. Energy Economics, 30（3）: 905-918.

Zhang X Y, Qi J H, Zhang R S, et al. 2001. Prediction of programmed-temperature retention values of naphthas by wavelet neural networks[J]. Computers and Chemistry, 25: 125-133.

Zhou B, Shi A, Cai F, et al. 2004. Wavelet neural networks for nonlinear time series analysis[R]. International Symposium on Neural Networks.